高等院校土建类"十四五"系列教材

U0656536

土木工程制图习题集

（第 3 版）

主　编　于习法

副主编　顾玉萍　孙怀林　孙　霞

参　编　黄利涛　庞金昌　章国美

　　　　张　会　周柳琴

东南大学出版社
SOUTHEAST UNIVERSITY PRESS
·南京·

内 容 提 要

本习题集与东南大学出版社出版的《土木工程制图》教材(于习法、顾玉萍主编,第3版)配套使用。主要内容与配套教材一一对应,涵盖了制图基础、投影理论、投影制图、专业制图等土木工程制图的基本内容。

本习题集可作为高职高专院校土木、建筑类(含道路、桥涵及装饰装潢等)各专业制图课程的教学用课本,也可作为职大、自学考试及各类培训班的教学辅导材料。

图书在版编目(CIP)数据

土木工程制图习题集 / 于习法主编. -- 3版.
南京 : 东南大学出版社,2025.2. -- ISBN 978-7
-5766-1873-0

Ⅰ. TU204.2-44

中国国家版本馆 CIP 数据核字第 2024S5K442 号

责任编辑:戴坚敏　责任校对:咸玉芳　封面设计:王　玥　责任印制:周荣虎

土木工程制图习题集(第 3 版)
Tumu Gongcheng Zhitu Xitiji(Di 3 Ban)

主　　编	于习法
出版发行	东南大学出版社
社　　址	南京市四牌楼 2 号　邮编:210096
出 版 人	白云飞
网　　址	http://www.seupress.com
电子邮箱	press@seupress.com
经　　销	全国各地新华书店
印　　刷	兴化印刷有限责任公司
开　　本	787mm×1 092mm　1/8
印　　张	8
字　　数	205 千字
版 印 次	2025 年 2 月第 3 版第 1 次印刷
书　　号	ISBN 978-7-5766-1873-0
定　　价	32.00

本社图书若有印装质量问题,请直接与读者服务部联系。电话(传真):025-83792328

再 版 前 言

本习题集是依据《房屋建筑制图统一标准》(GB/T 50001—2017)和《建筑制图标准》(GB/T 50104—2010)及高职高专的教学基本要求和特点编写的,并与东南大学出版社出版的《土木工程制图》教材(于习法、顾玉萍主编,第 3 版)配套使用。

"土木工程制图"是一门理论性和实践性均较强的课程,习题和作业是教学的重要环节,其目的是帮助学生消化、巩固基础理论和基本知识,训练基本技能,学会运用基础理论和基本知识解决实际问题。为便于教学,本习题集的内容和编排次序与配套教材基本一致,并力求符合学生的认知规律,由浅入深、由易到难、循序渐进,逐步提高学生阅读和绘制工程图样的能力,培养学生的空间想象能力。

本习题集适合土木、建筑类(含道路、桥涵及装饰装潢等)各专业的工科学生(包括本科和高职高专、电大、职大、函大、自学考试及各类培训班的学生)和工程技术人员学习与参考之用。

限于编者的学识,书中难免有不当甚至错误之处,请读者、同行不吝指正,待再版时进一步修改完善。

编　者

目　　录

长仿宋体汉字

土木工程专业制图民用房屋建筑东南西北方向平立剖面

设计说明基础墙柱梁板楼梯框架承重结构门窗阳台雨棚散水勒脚洞沟槽材料砖

木钢筋混凝土水泥砂浆石灰室内外地坪素土夯实给排水暖通城市管网卫生设备

一二三四五六七八九十前后左右上中下防水保温隔热找平屋面油毡女儿墙软土垫层固结重锤灌浆加筋托换承载力

刚柔度弹性塑抗震液化渗流边坡稳定条分支护沉井玻璃马赛克伸缩缝道路桥梁隧涵造价管理堤坝沉降船闸预埋件

字母和数字

ABCDEFGHIJKLMNOPQRSTUVWXYZABCDEFGHIJK

ABCDEFGHIJKLMNOPQRSTUVWXYZABCDEFGHIJK

ABCDEFGHIJKLMNOPQRSTUVWXYZ

ABCDEFGHIJKLMNOPQRSTUVWXYZ

abcdefghijklmnopqrstuvwxyzabcd

abcdefghijklmnopqrstuvwxyzabcd

0123456789 I II III IV V VI VII VIII IX X

0123456789 I II III IV V VI VII VIII IX X

ABCDEFGHIJKLMNOPQRSTUVWXYZ ABCDEFGHIJK

ABCDEFGHIJKLMNOPQRSTUVWXYZ ABCDEFGHIJK

abcdefghijklmnopqrstuvwxyz

abcdefghijklmnopqrstuvwxyz

abcdefghijklmnopqrstuvwxyz

0123456789 I II III IV V VI VII VIII IX X

0123456789 I II III IV V VI VII VIII IX X

0123456789 0123456789

字体练习(三)

班级		姓名		学号	

长仿宋体汉字

长仿宋体汉字

拉丁字母

长仿宋体汉字

阿拉伯数字

希腊字母

（1）图线练习——画全下列图形。

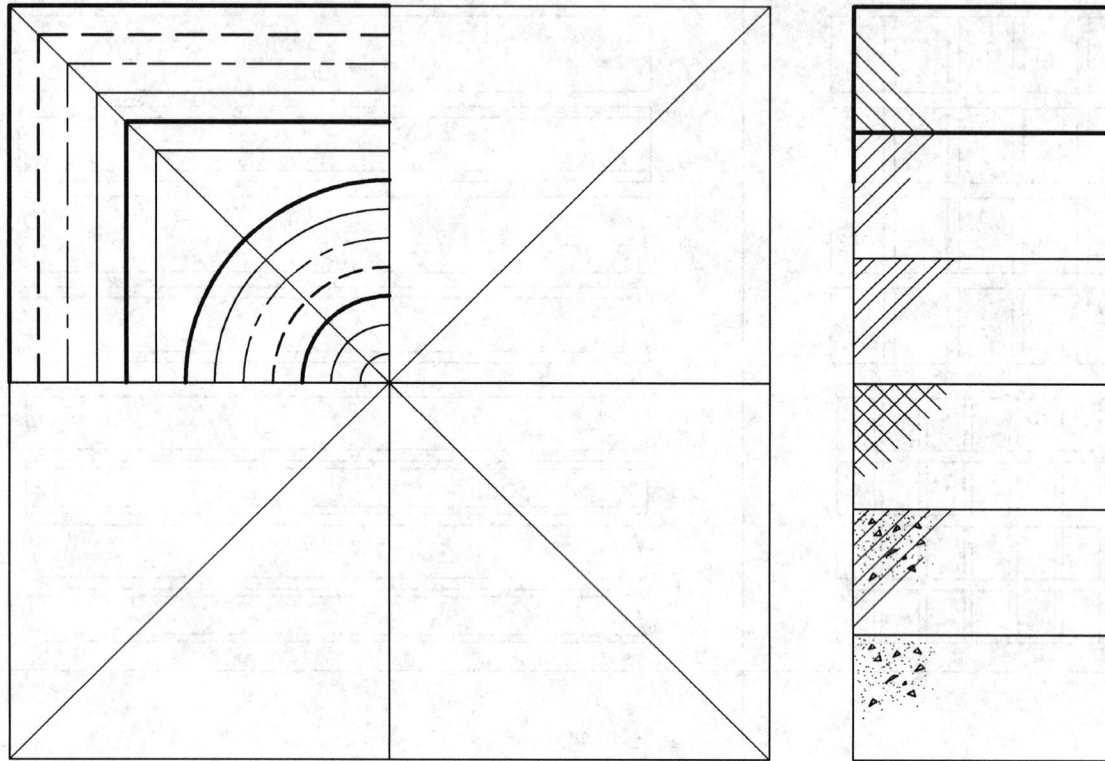

（2）补全下图中缺少的尺寸要素和比例。

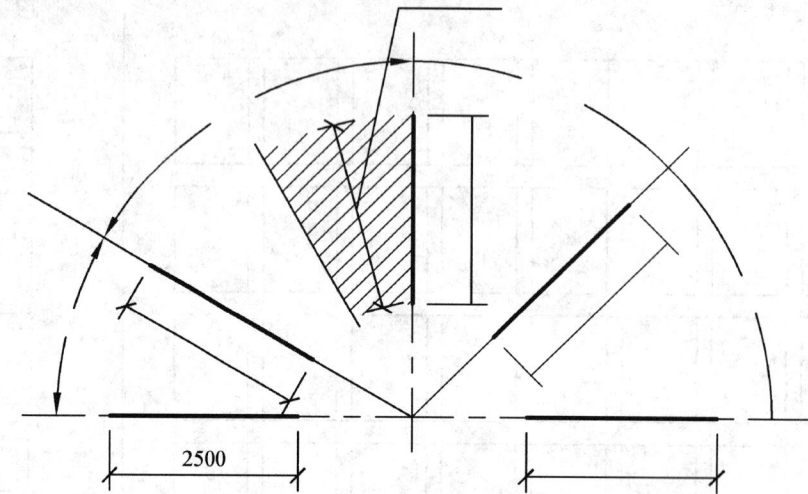

2500

比例　1:_____

（3）标注下图中的半径、直径、角度尺寸。

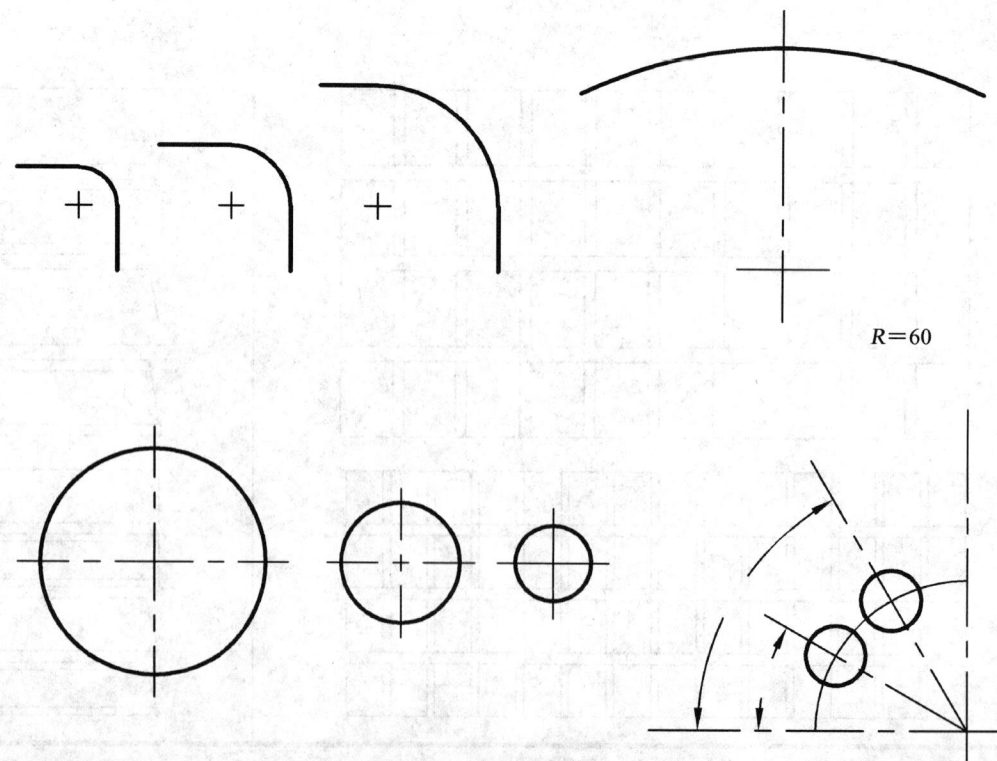

R=60

（4）分析左图尺寸标注的错误，在右图中按正确的方法注出。

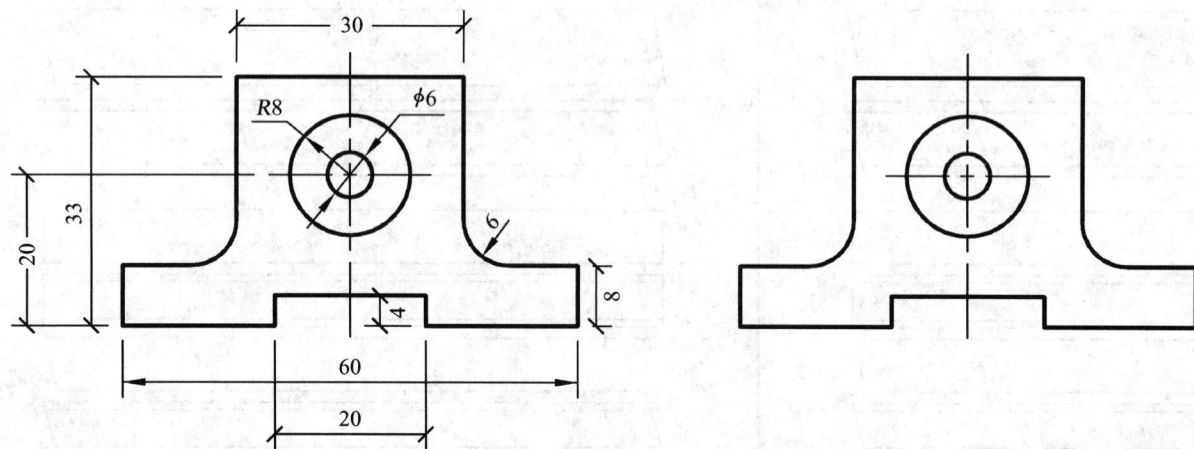

30

R8　φ6

33

20

6

4

8

60

20

| 1 制图基本知识 | 线型练习及尺寸标注 (二) | 班级 | 姓名 | 学号 |

(1) 按照右上方所示图形的尺寸,用1:1的比例在指定位置画全图形的轮廓,并用细短线指明切点的位置(不注尺寸)。

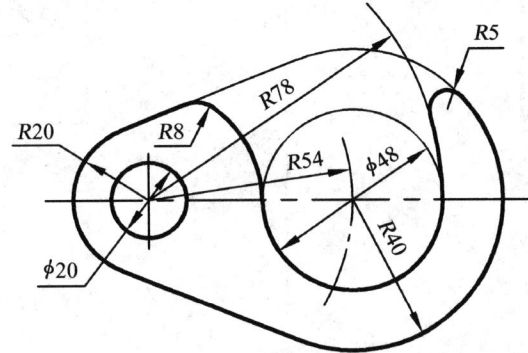

(2) 在下图中选取1个或2个图形,用适当的比例画在横放的A3图纸上,并标注尺寸(图名:平面图形)。

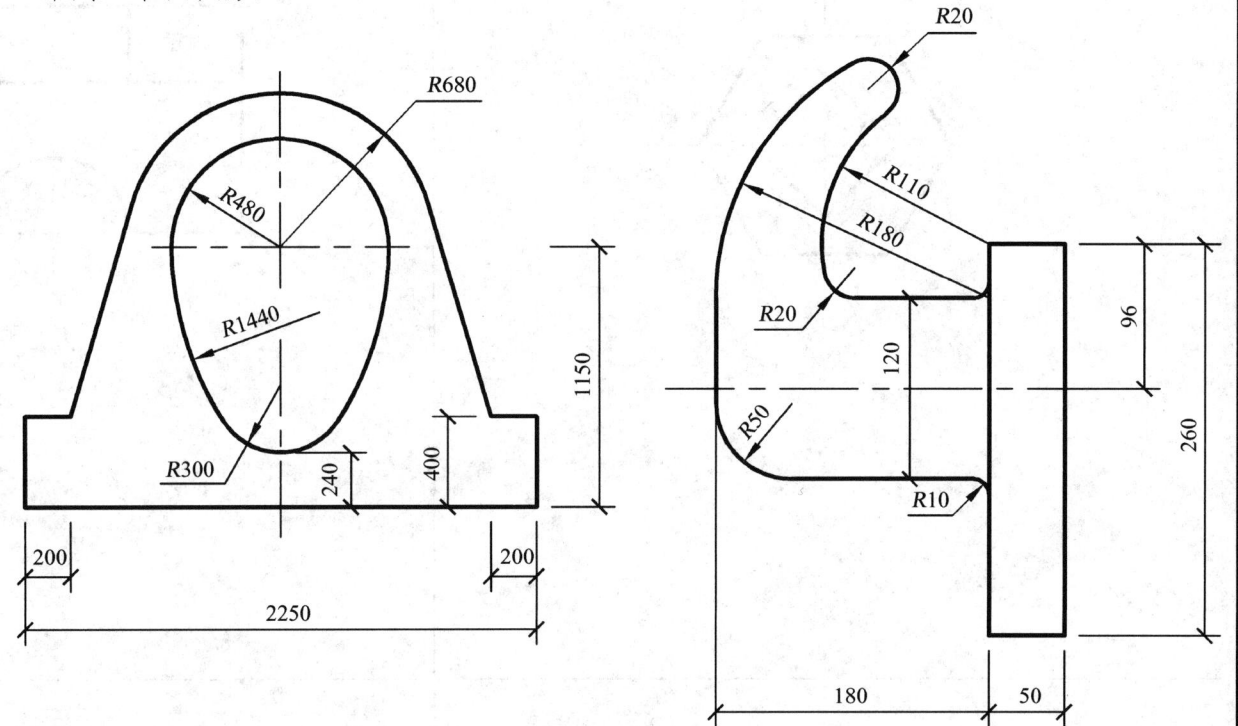

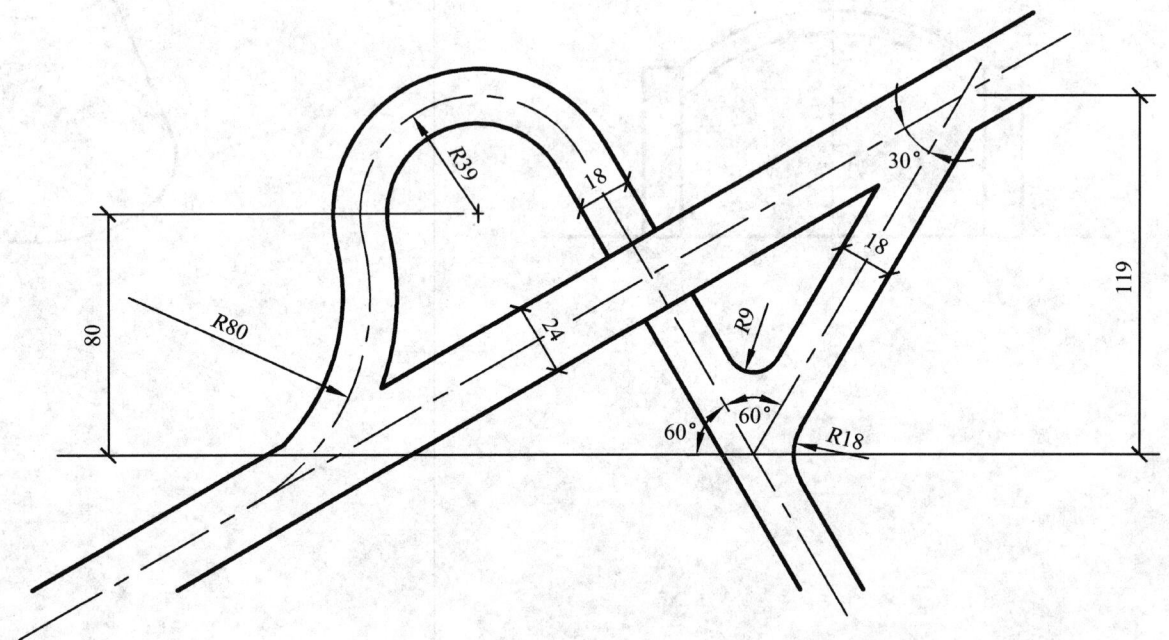

| 班级 | | 姓名 | | 学号 | |

目测下列图形的尺寸，徒手抄绘在下面空白处。

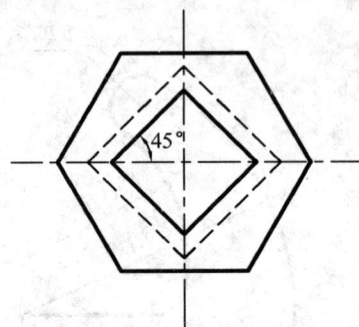

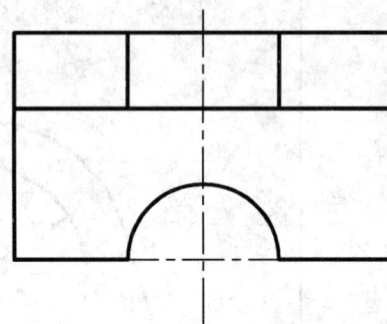

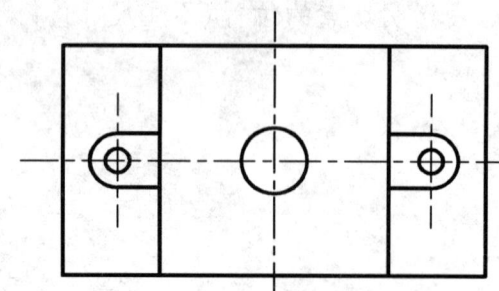

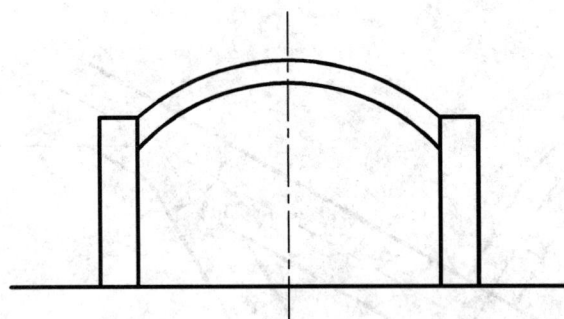

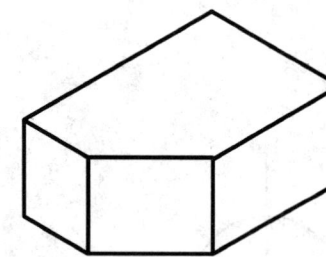

根据立体图找出对应的投影图

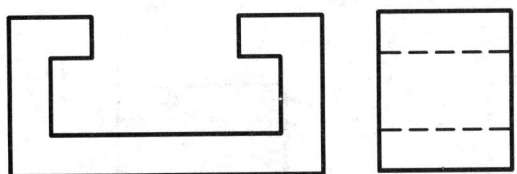
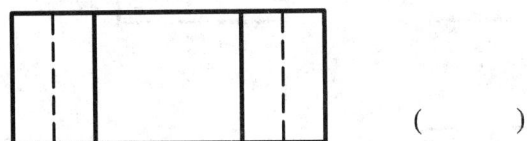
（　　）

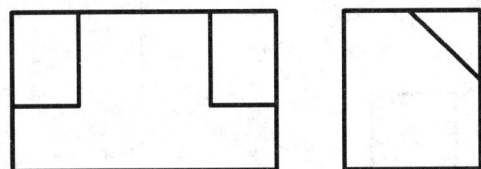
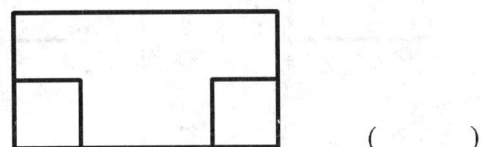
（　　）

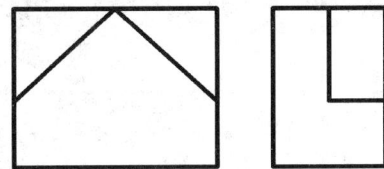
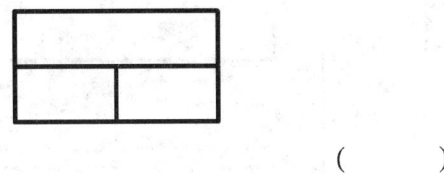
（　　）

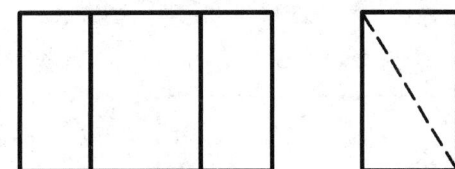
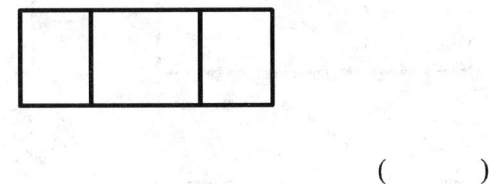
（　　）

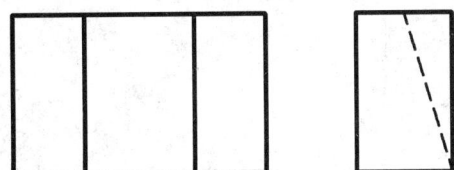
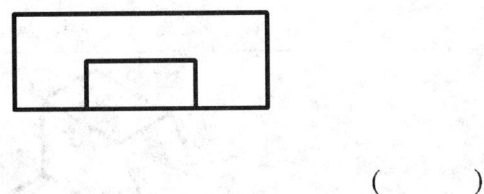
（　　）

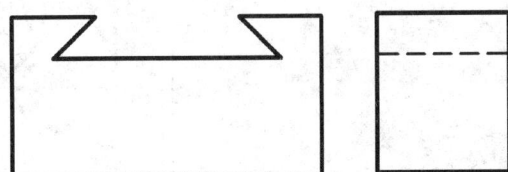
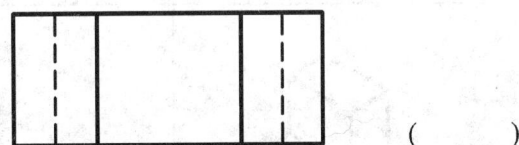
（　　）

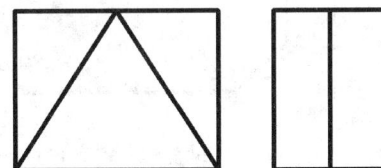
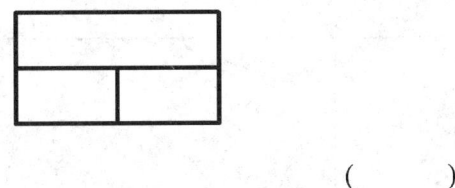
（　　）

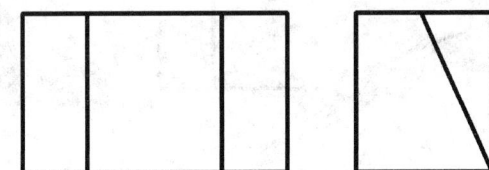
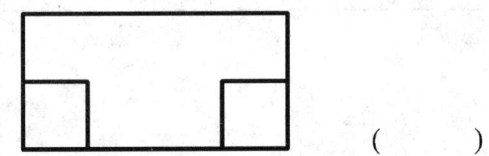
（　　）

1	2	3	4	5	6	7	8

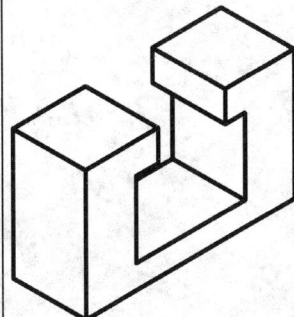

（1）补画三面投影中遗漏的线条。

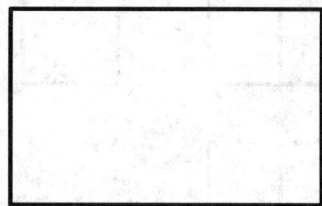

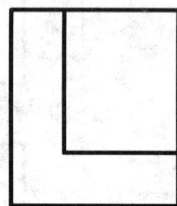

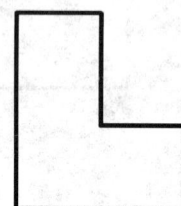

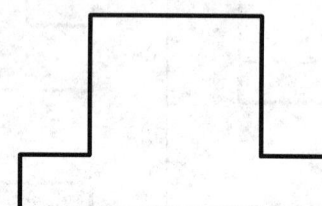

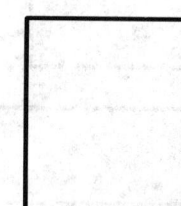

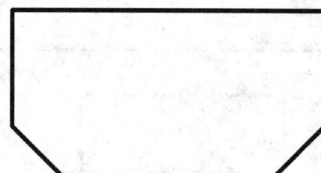

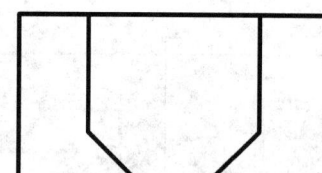

（2）根据正等测图画三面投影图。

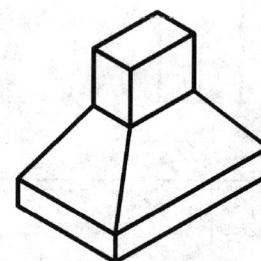

(1) 已知点的两面投影,补出第三面投影。

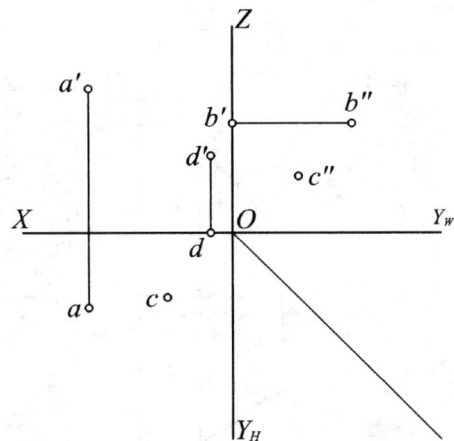

(2) 根据直观图作出点 A 的三面投影,量出点 A 到各投影面的距离,并标出 A 点坐标。

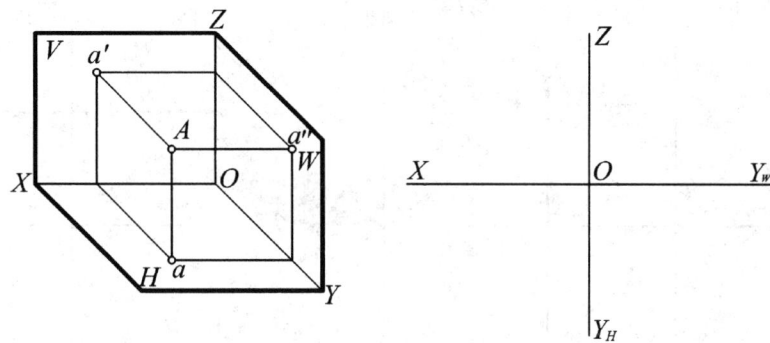

A 点距 H 面____毫米、距 V 面____毫米、距 W 面____毫米。

(3) 已知点 A(15, 10, 20)、点 B(10, 15, 15),求作它们的投影图,并判断它们的相对位置关系。

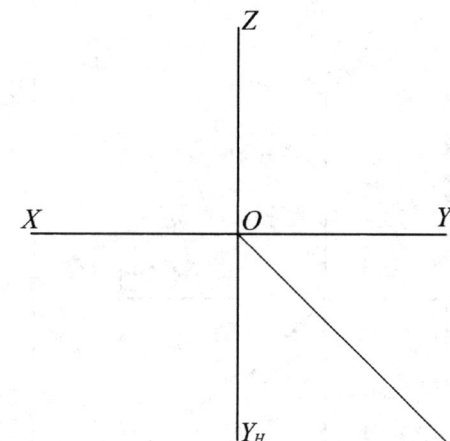

A 在 B_____

(4) 已知 B 点的三面投影,且 A 点在 B 点之前 5、之上 10、之右 8,求作 A 点的三面投影。

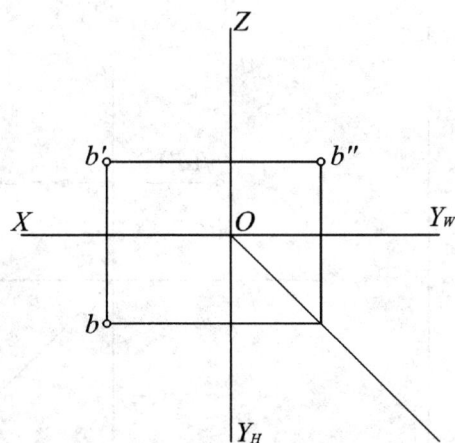

(5) 指出下列各点的空间位置。

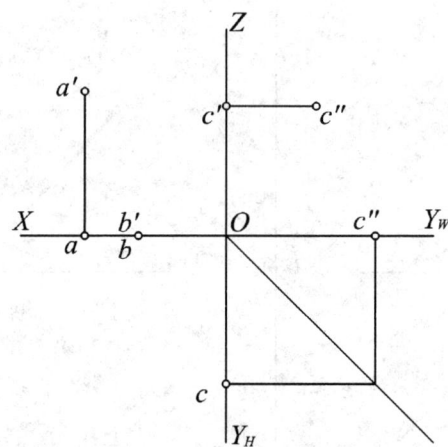

A 点在 _____　　B 点在 _____

C 点在 _____　　D 点在 _____

(6) 已知 A、B、C、D 点的两面投影,补全第三面投影,并标明重影点的可见性(不可见点加括号)。

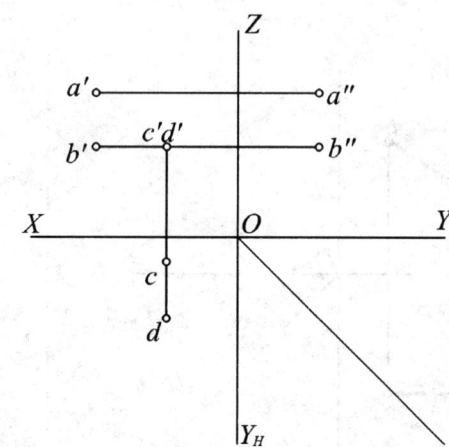

水平重影点:____点在上(可见),____点在下(不可见)。

正面重影点:____点在前(可见),____点在后(不可见)。

侧面重影点:____点在左(可见),____点在右(不可见)。

1) 求下列各直线的第三面投影,并判断各直线与投影面的相对位置。

(1)	(2)	(3)	(4)
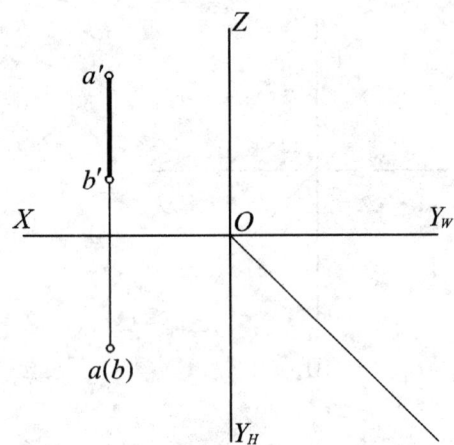	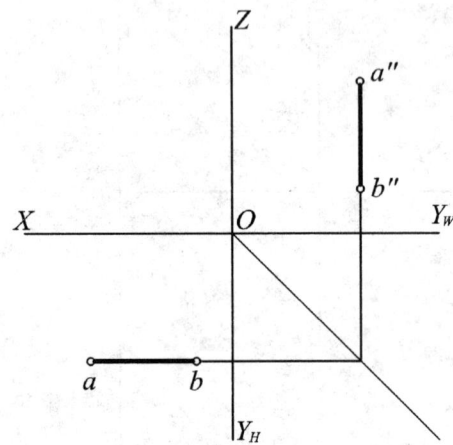	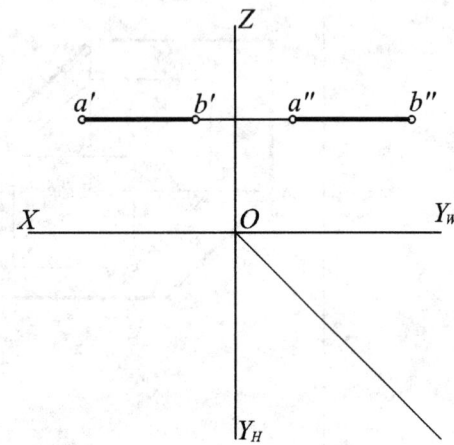	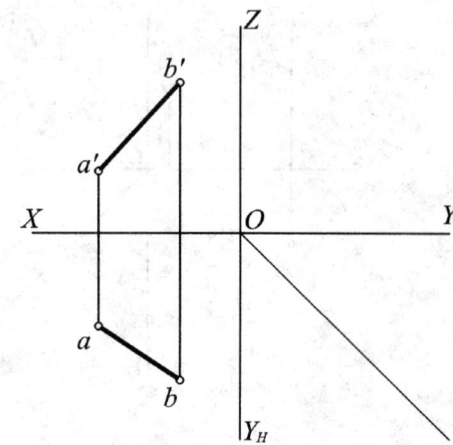
AB是 ____ 线	AB是 ____ 线	AB是 ____ 线	AB是 ____ 线

(5)	(6)	(7)	(8)
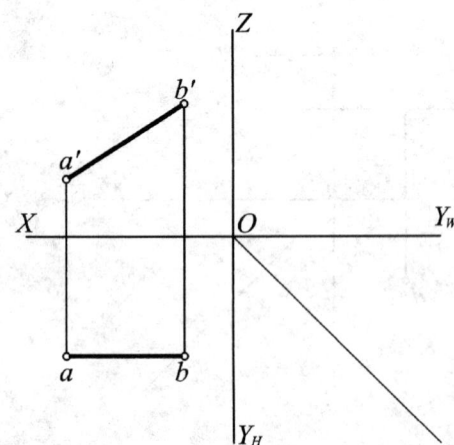	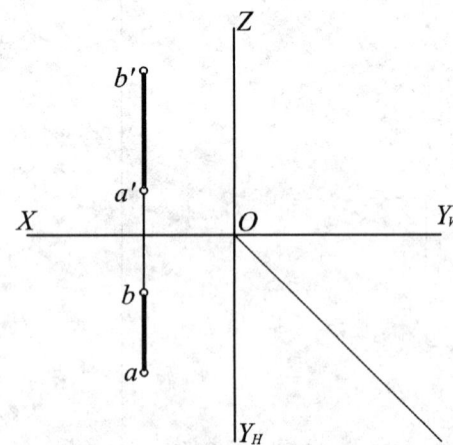	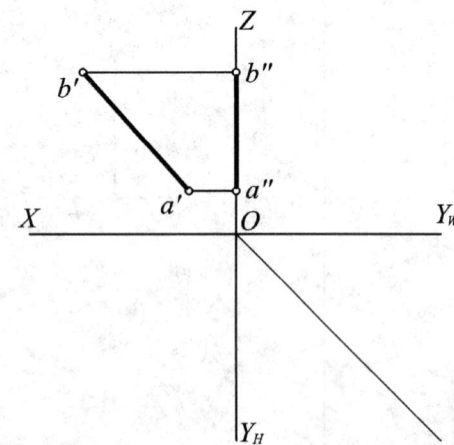	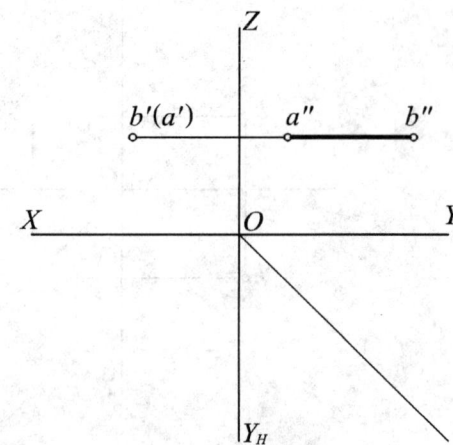
AB是 ____ 线	AB是 ____ 线	AB是 ____ 线	AB是 ____ 线

2) 按要求作出各直线的三面投影。

(1) 作正平线，与H面成60°，AB=15 mm，且B点在A点右上方。

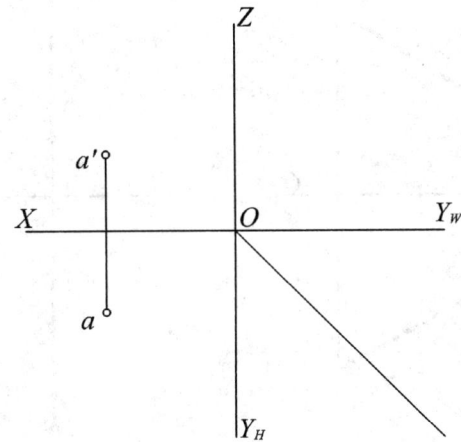

(2) 作正垂线，A点在B点的正前方，且AB=20 mm。

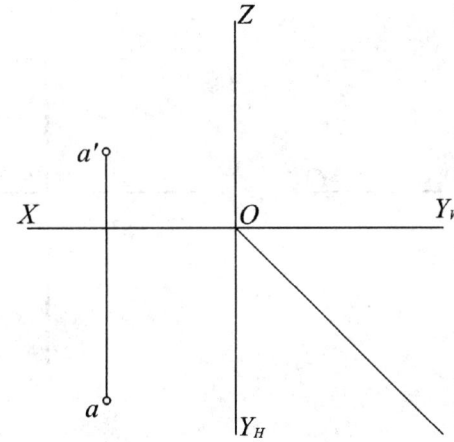

(3) 作侧平线，与V面成30°，B点在A点的上前方，且AB=15 mm。

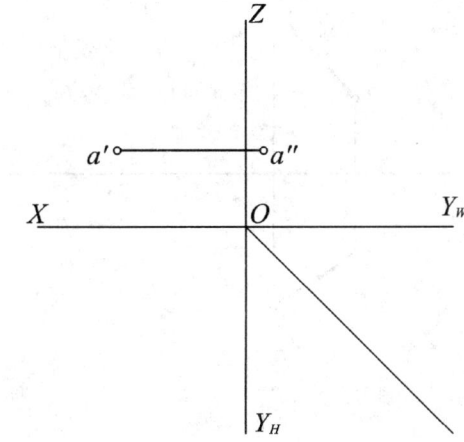

3) 求直线AB的实长及其对投影面的倾角。

(1) 求α。

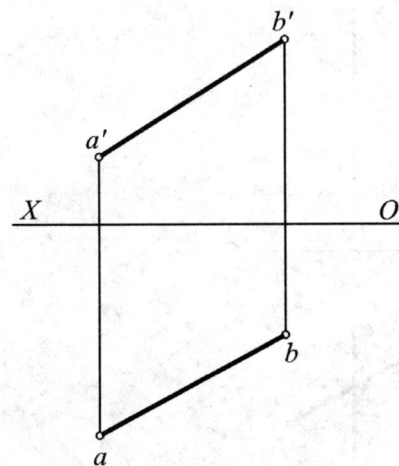

(2) 求β。

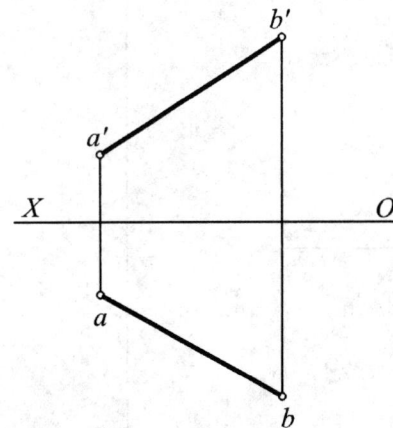

(3) 求γ。

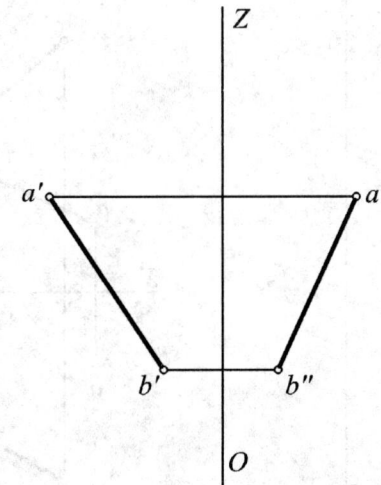

(4) 求α。

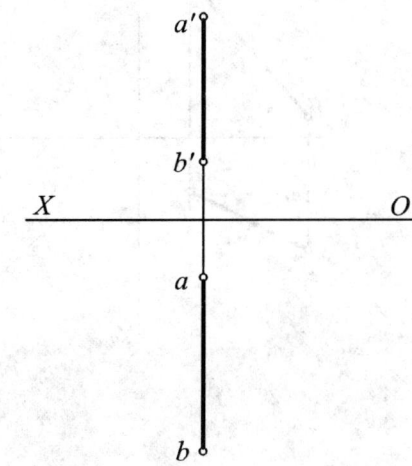

4) 已知线段AB=BC, 求bc。

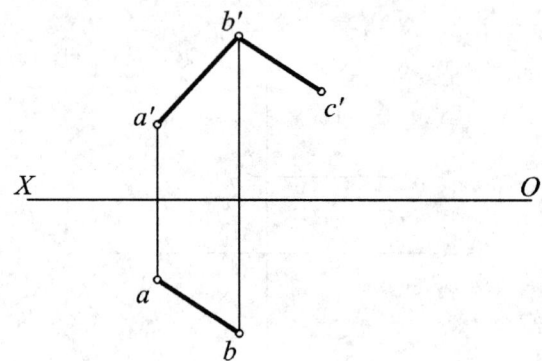

5) 用两种方法判断点K是否在直线AB上。

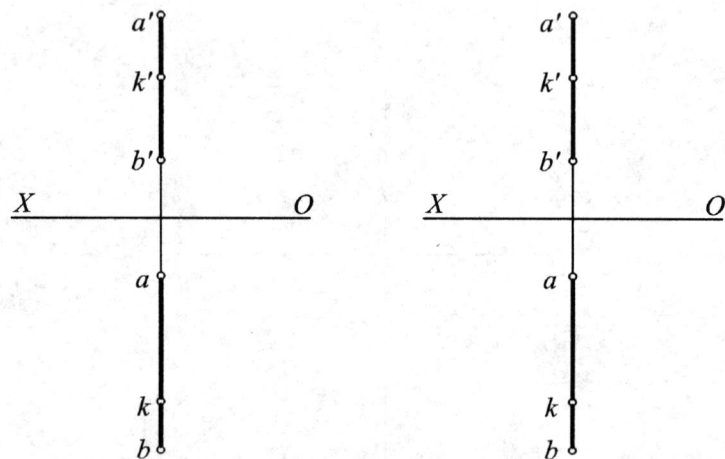

6) 在直线AB上取一点M, 使AM：MB=3：2; 在直线CD上取一点N, 使CN：ND=2：1。

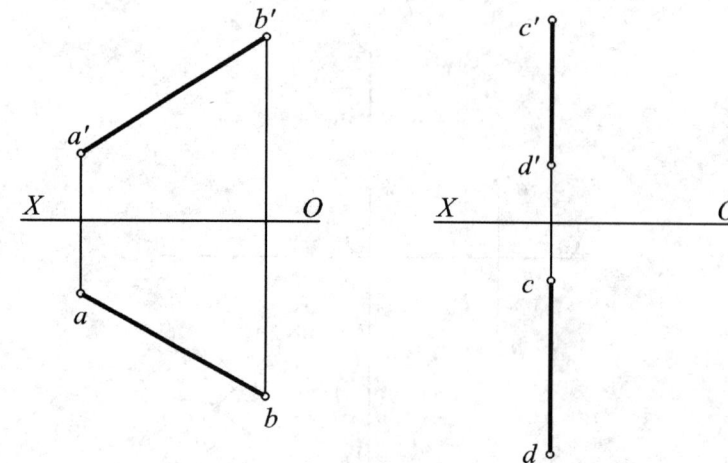

7) 在直线AB上取一点K, 使K点与H面、V面距离之比为3：2。

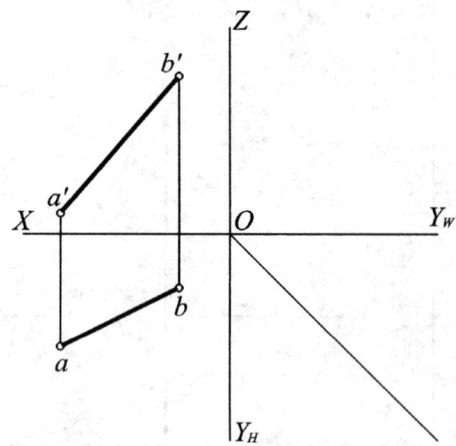

8) 已知AB、CD为相交直线, 试完成其投影。

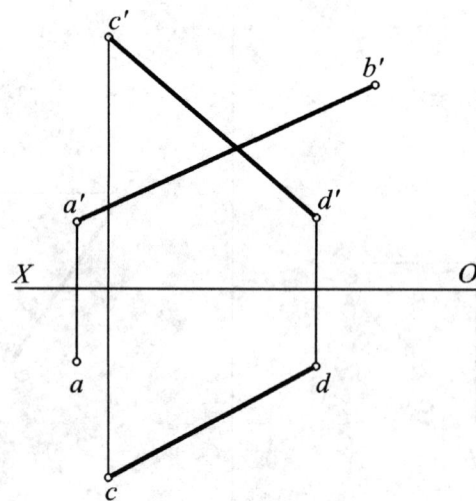

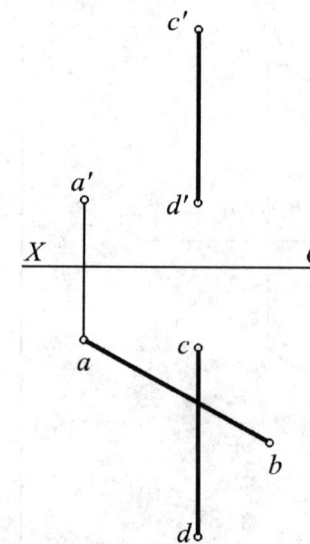

9) 判断两直线的相对位置。

（1）

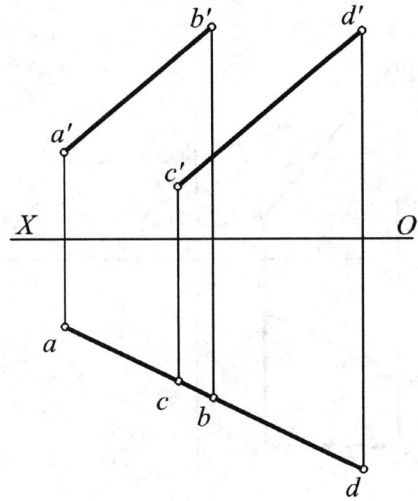

AB与CD _____

（2）

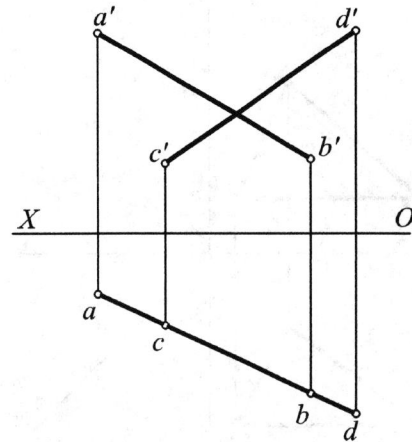

AB与CD _____

（3）

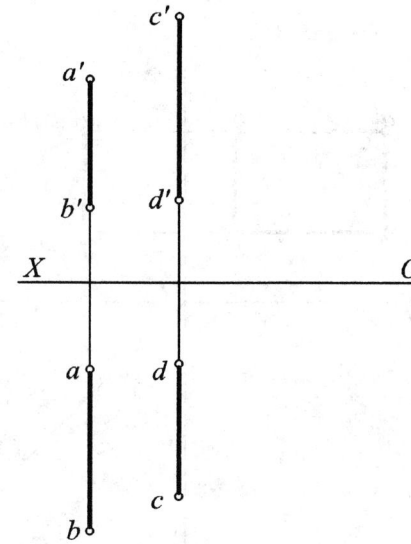

AB与CD _____

（4）

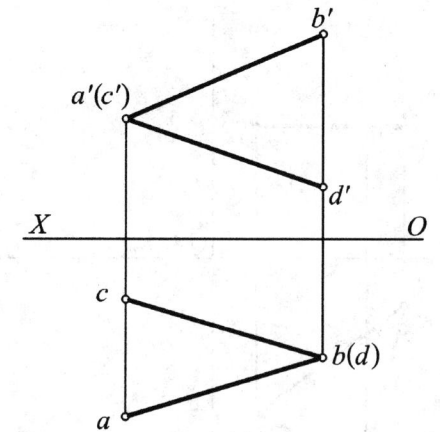

AB与CD _____

10) 作直线EF，使其与直线AB相交，与直线CD平行。

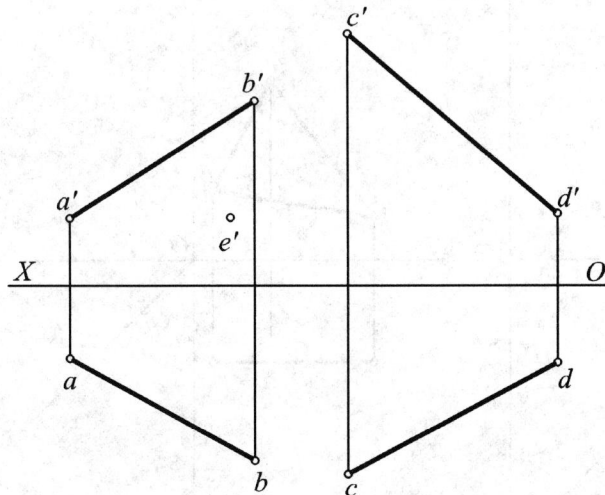

11) 作直线EF，使其与直线AB、CD都相交。

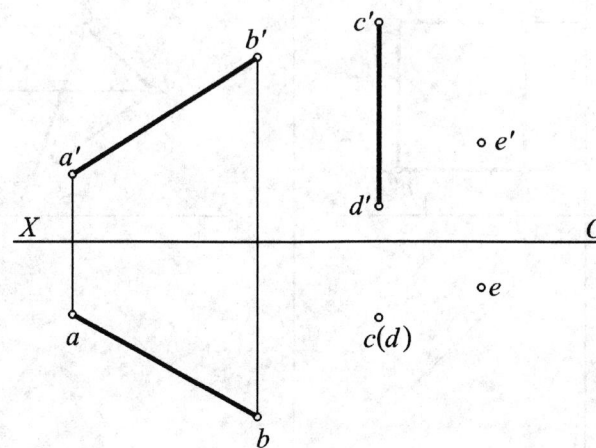

12) 判断交叉直线重影点的可见性。

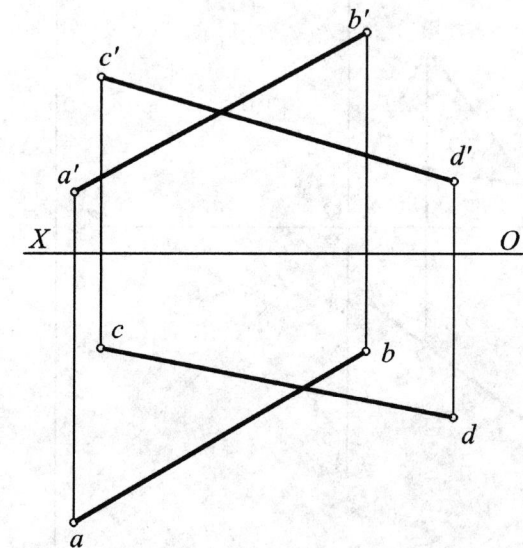

13

1) 补全下列平面的第三个投影，并判断平面与投影面的相对位置。

（1）

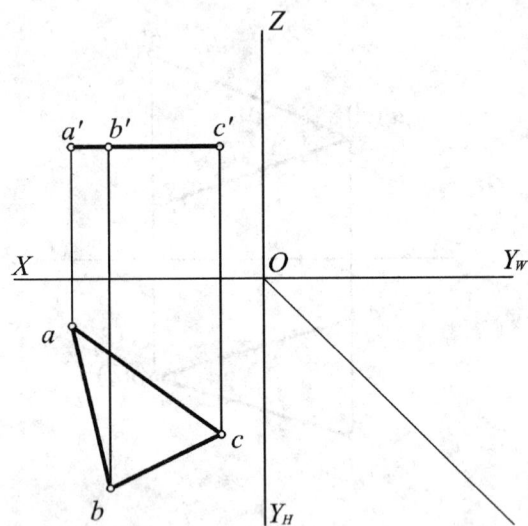

平面ABC是＿＿＿＿＿

（2）

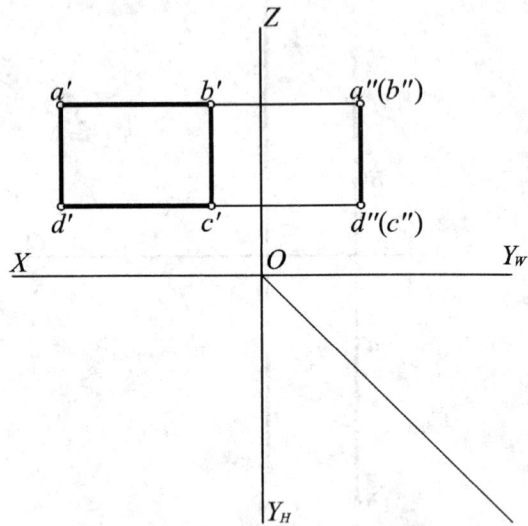

平面ABCD是＿＿＿＿＿

（3）

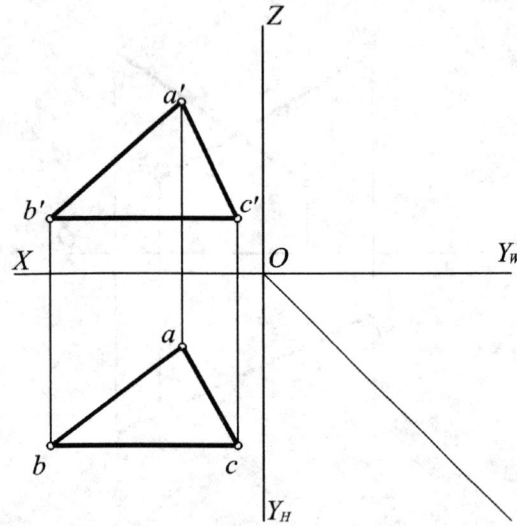

平面ABC是＿＿＿＿＿

（4）

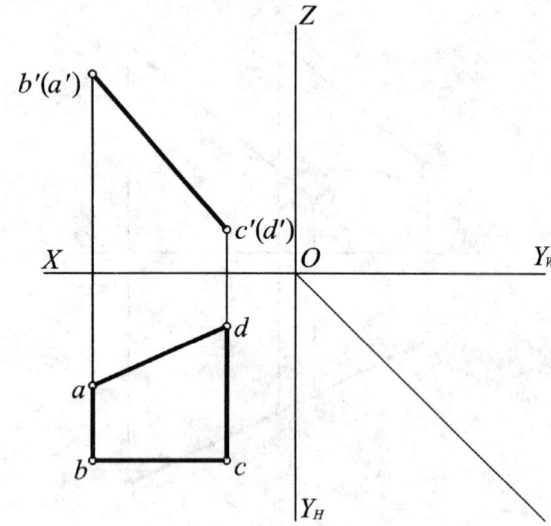

平面ABCD是＿＿＿＿＿

（5）

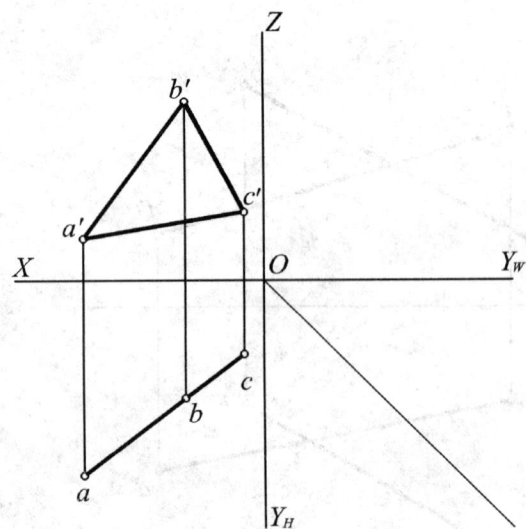

平面ABC是＿＿＿＿＿

（6）

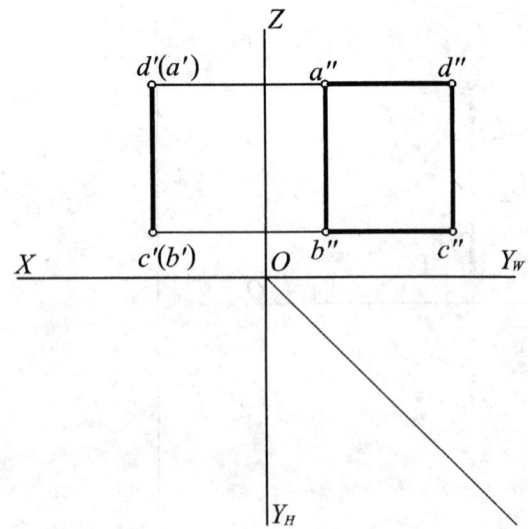

平面ABCD是＿＿＿＿＿

（7）

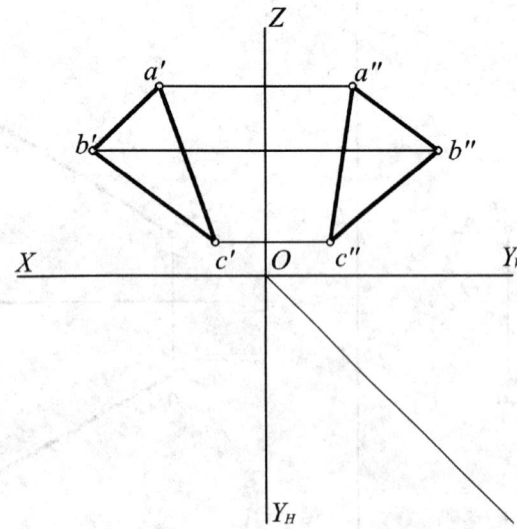

平面ABC是＿＿＿＿＿

（8）

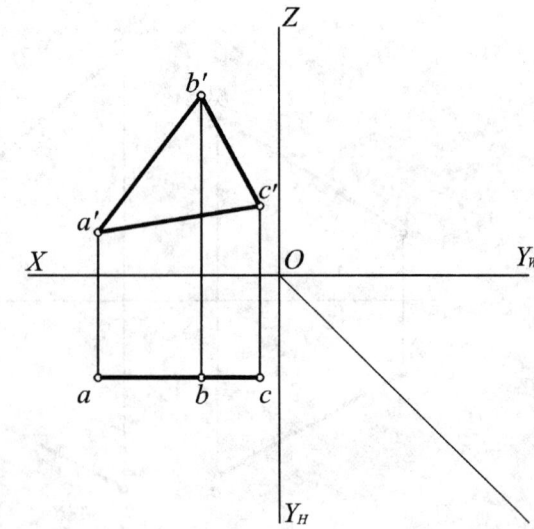

平面ABC是＿＿＿＿＿

1) M、N、K点在平面ABC内，求M、N、K点的另一个投影。

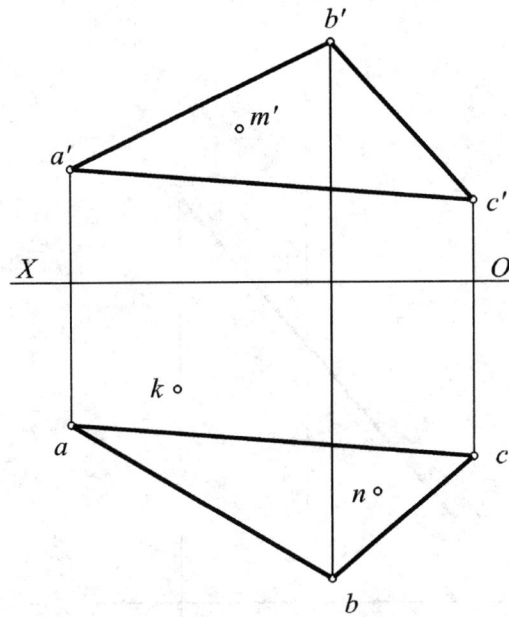

2) 直线EF在平面ABC内，求直线EF的另一个投影。

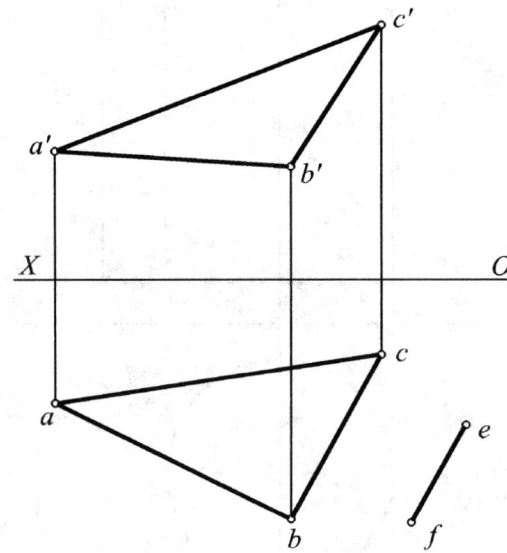

3) 已知直线EF在两平行直线AB、CD确定的平面上，求作直线EF的水平投影。

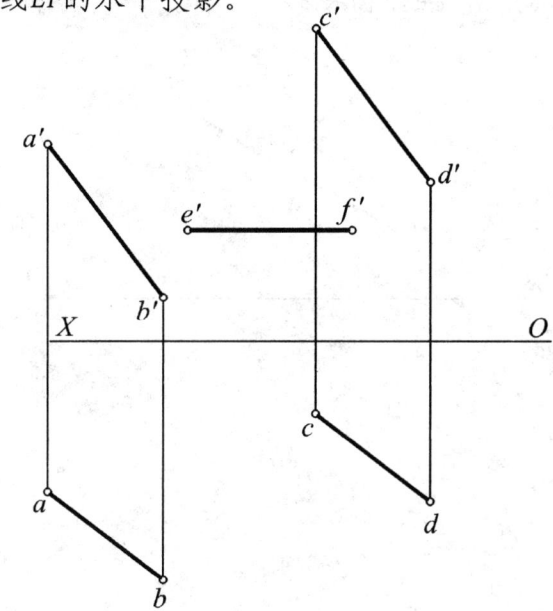

4) 完成平面图形ABCDE的投影。

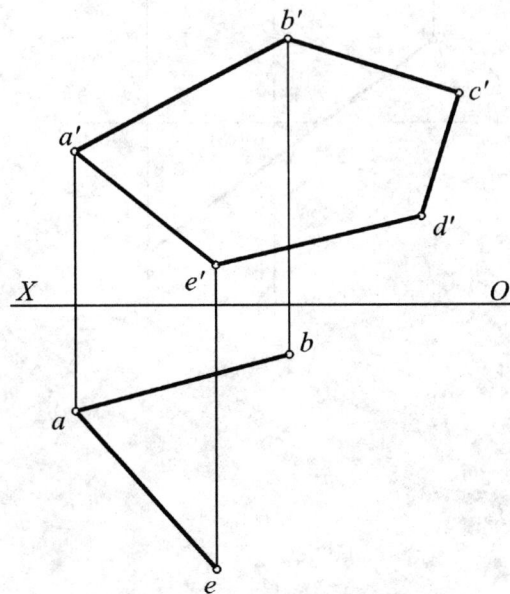

5) 已知CD为水平线，完成平面ABCD的正面投影。

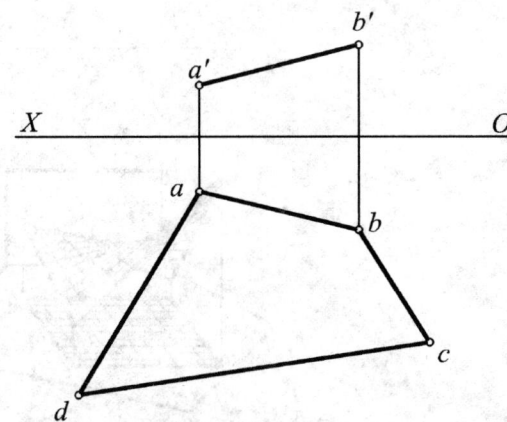

6) 判断A、B、C、D四点是否在同一平面内。

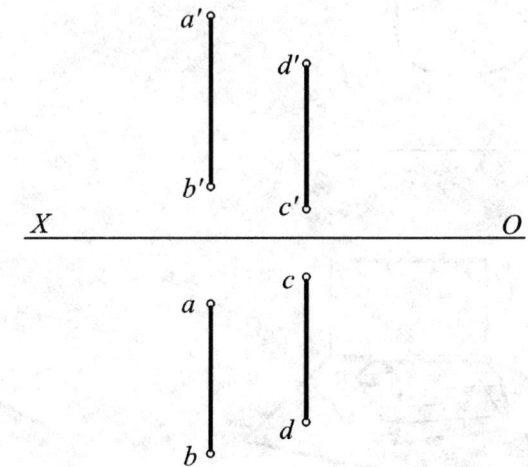

1) 已知正垂面上有一圆,圆心为O,该圆的V面投影如图所示,试作出圆的H面投影。

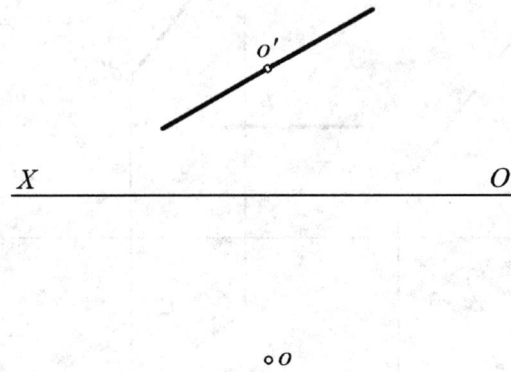

2) 已知圆柱的两面投影,导程为h,试作出该圆柱螺旋线的两面投影。

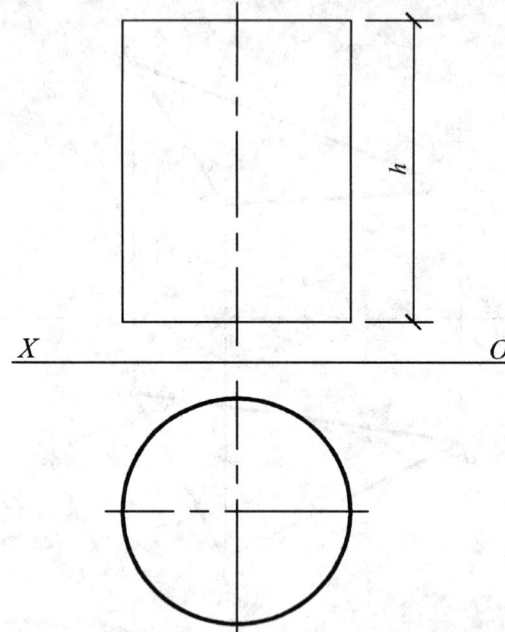

4) 已知单叶双曲回转面的直母线AB及轴线O_1O_2,试作出其投影。

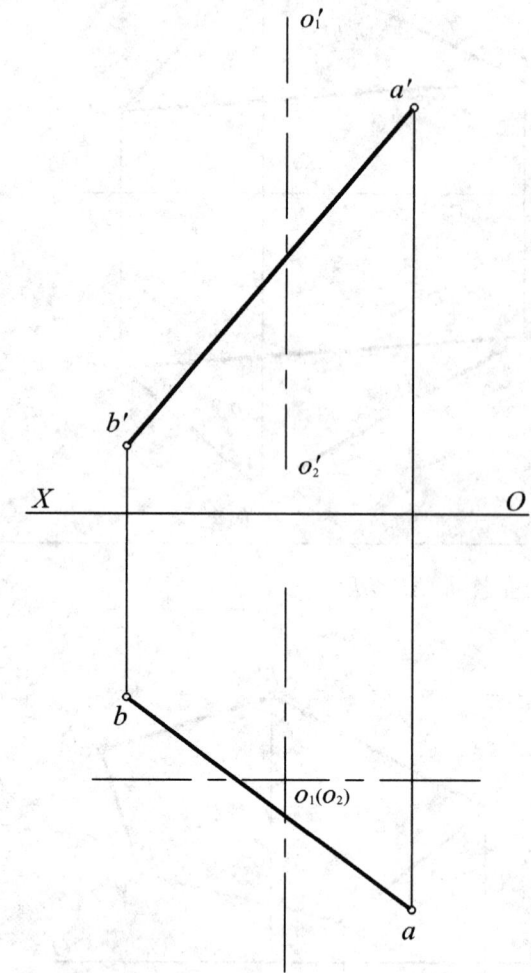

3) 标出下列各种曲面的名称,并判断其属于回转面还是非回转面。

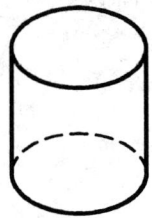

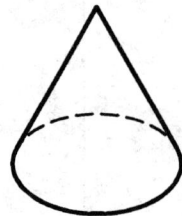

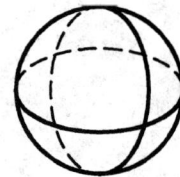

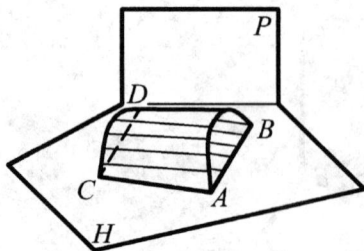

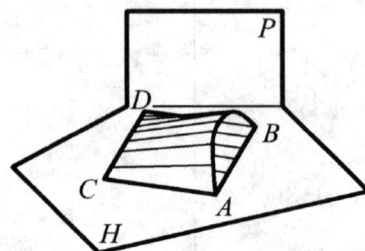

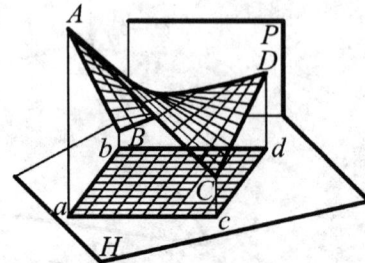

5) 已知双曲抛物线的两直导线为AB和CD,导平面为V面,试作出其投影。

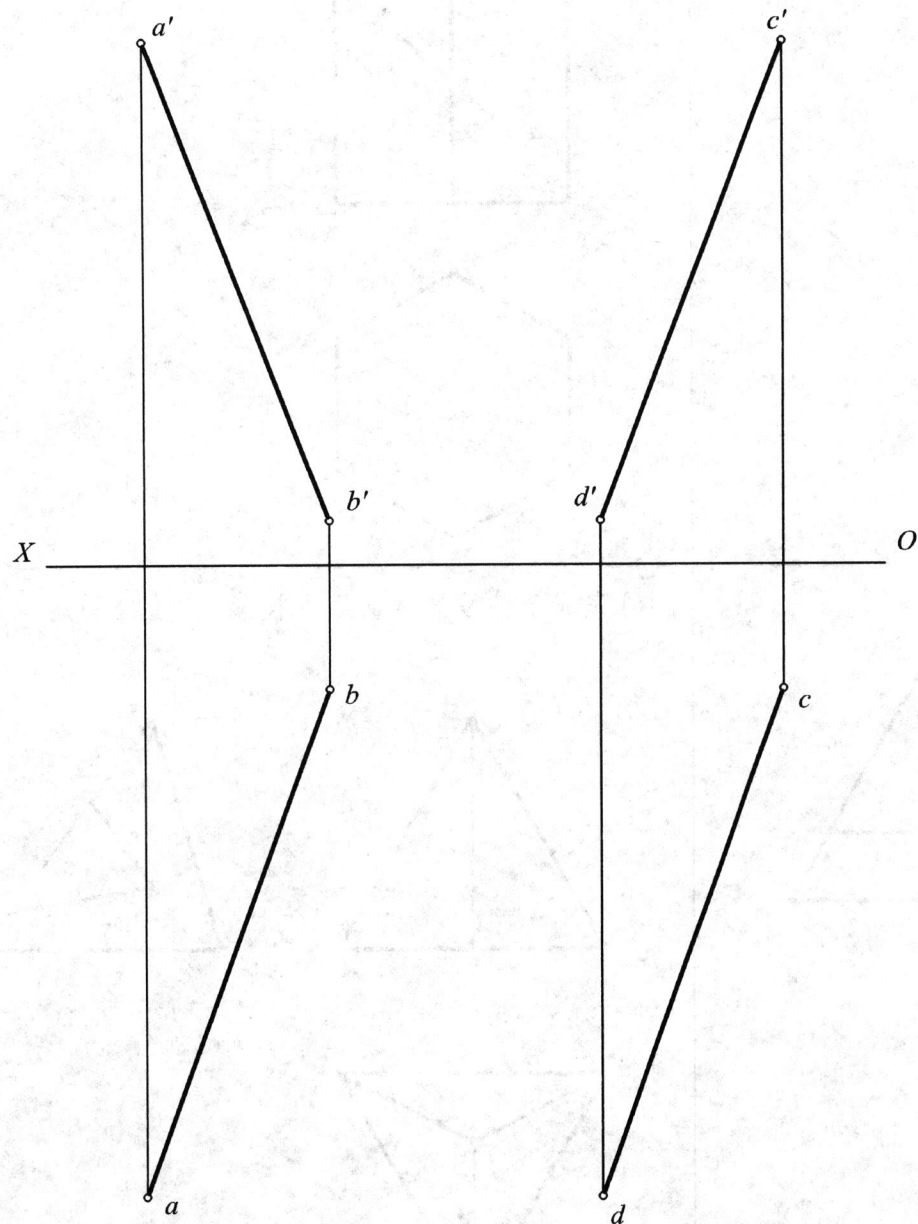

6) 完成部分螺旋楼梯扶手的V面投影。

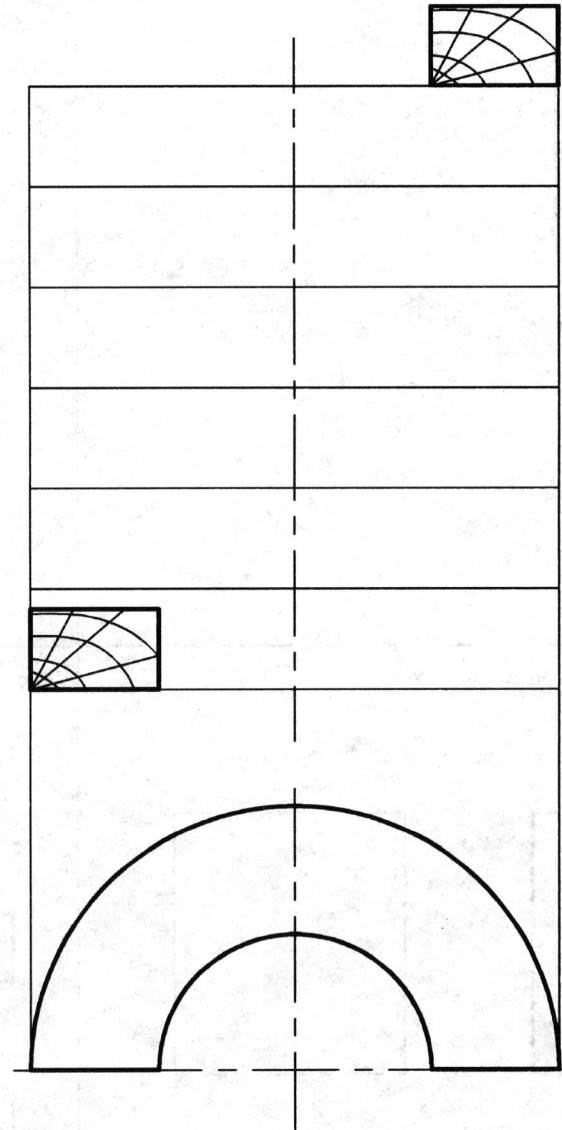

(1) 补绘形体的 W 面投影,并求 A、B、C 三点的另外两面投影。

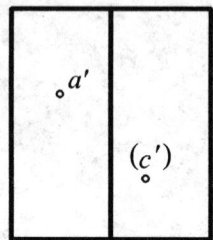

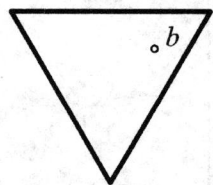

(2) 补绘形体的 W 面投影,并求出形体表面折线 ABC 的另外两面投影。

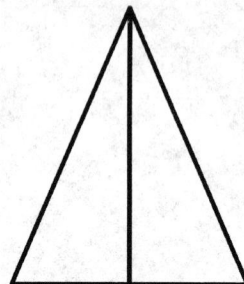

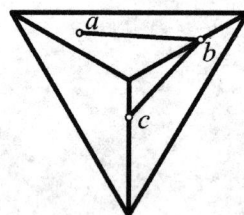

(3) 补绘形体的 W 面投影,并求出形体表面折线 AB 的另外两面投影。

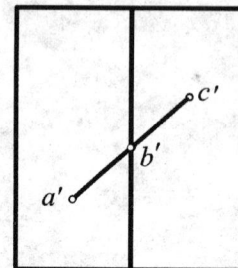

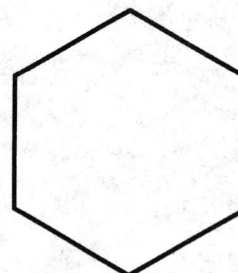

(4) 完成六棱柱被截切后的投影。

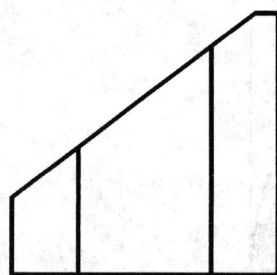

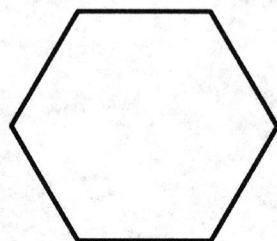

(5) 完成三棱柱被截切后的三面投影。

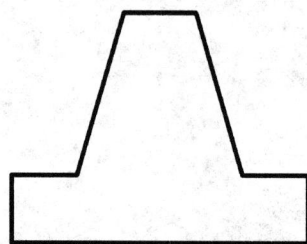

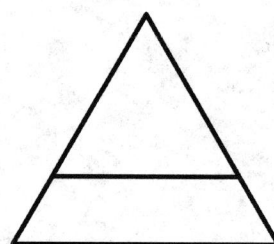

(6) 完成三棱柱被截切后的投影。

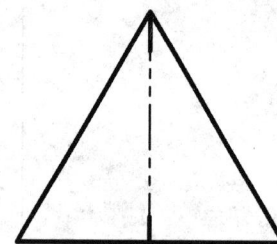

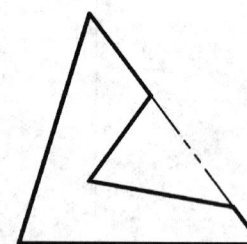

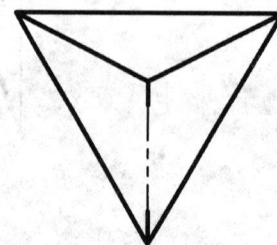

(1) 补绘形体的*H*面投影,并求出各点的另外两面投影。

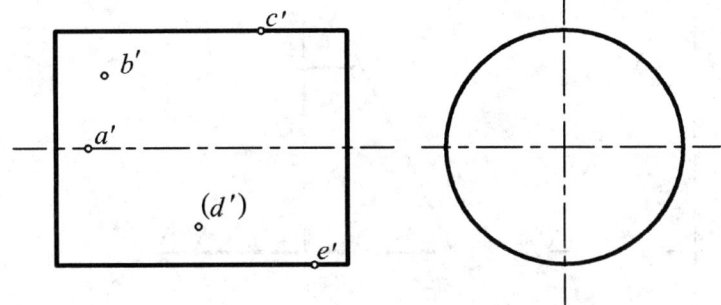

(2) 补绘形体的*W*面投影,并求出各点的另外两面投影。

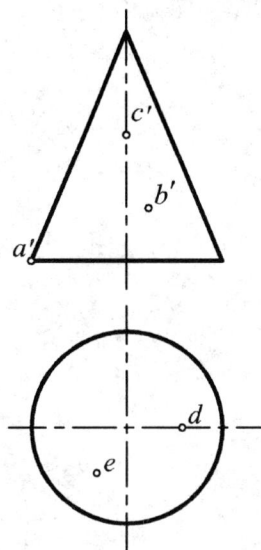

(3) 补绘形体的*H*面投影,并求出各点的另外两面投影。

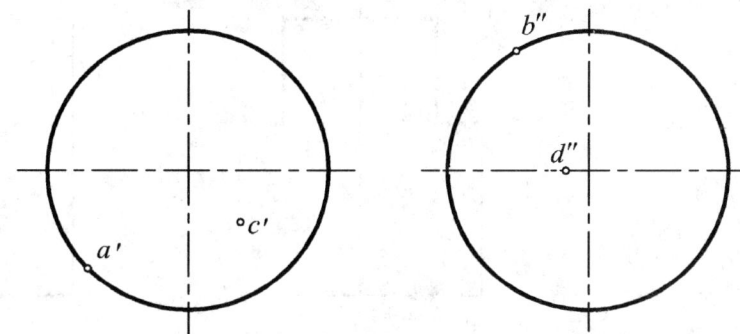

(4) 完成被平面截切后圆柱的*H*、*W*面投影。

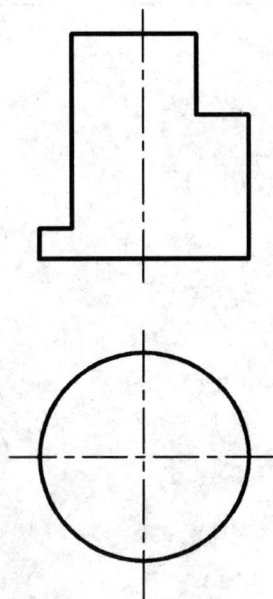

(5) 完成被平面切割后圆锥的*V*、*W*面投影。

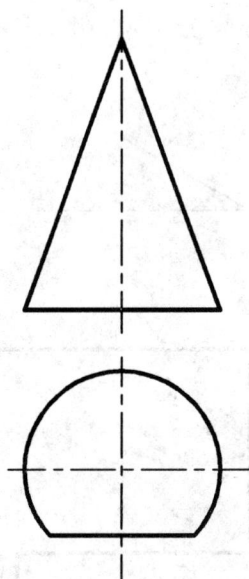

(6) 完成被平面切割后圆球的*V*、*W*面投影。

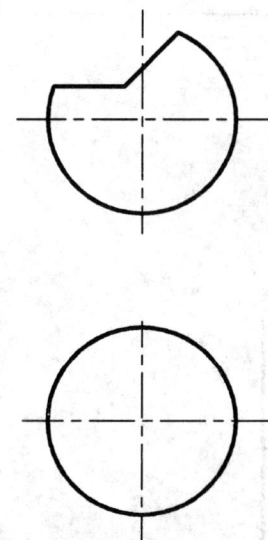

(7) 补全切口圆柱的投影。

(8) 补全截头圆锥的投影。

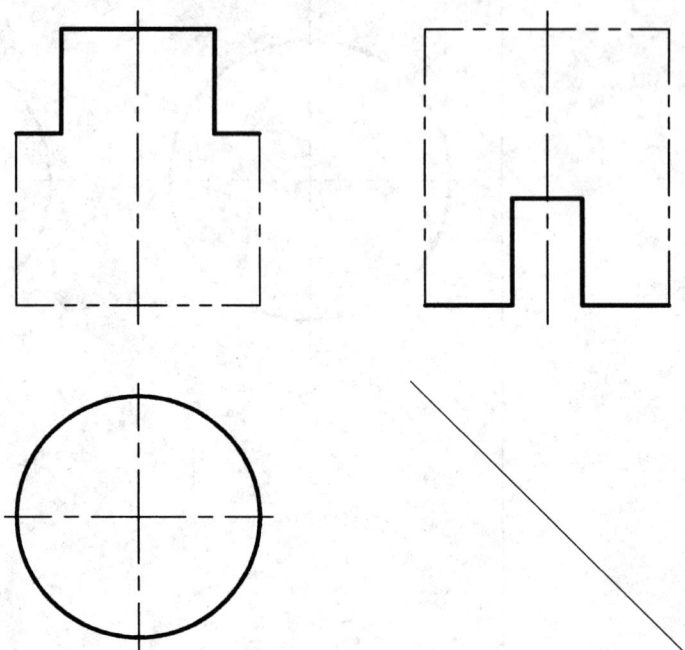

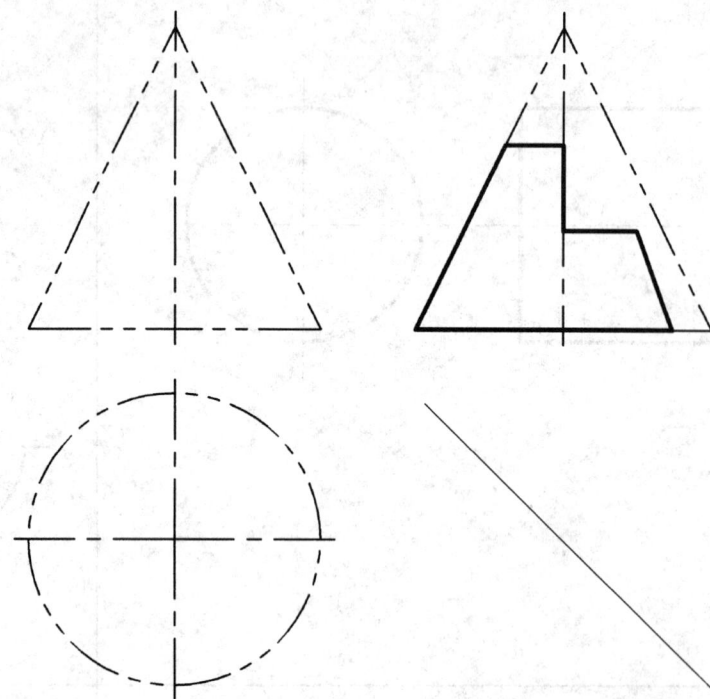

已知同坡屋面檐口的H投影和坡度α=30°，求H、V、W投影。

（1）

（2）

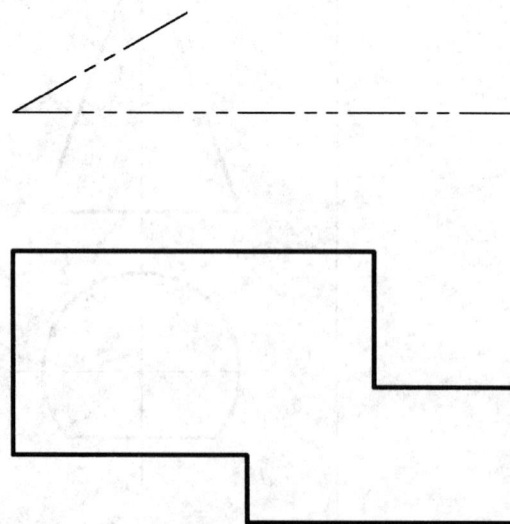

(1) 绘制正等测图。

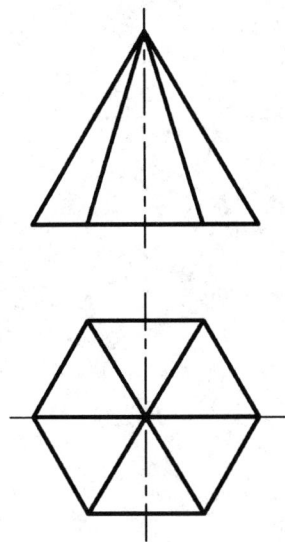

(2) 绘制正等测图。

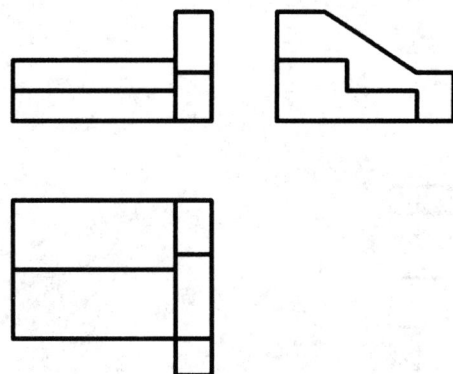

(3) 绘制正等测图。

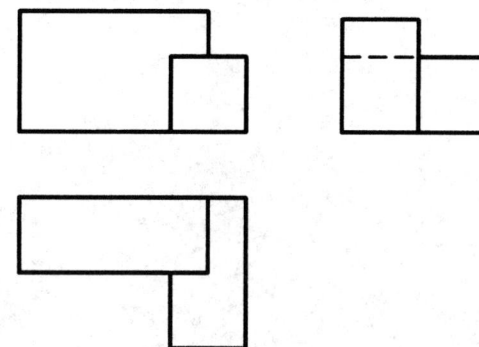

(4) 绘制正等测图。

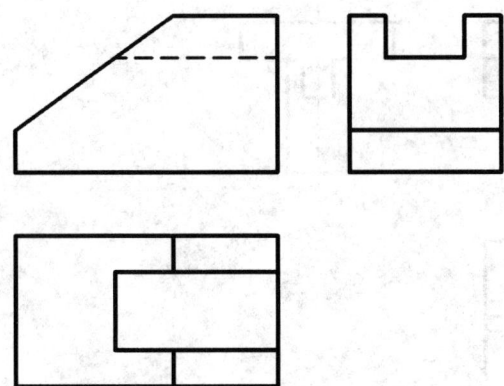

(5) 绘制正等测图。

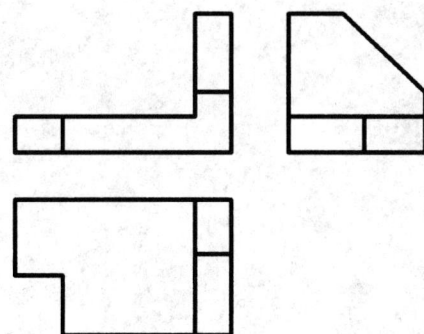

(6) 绘制正等测图。

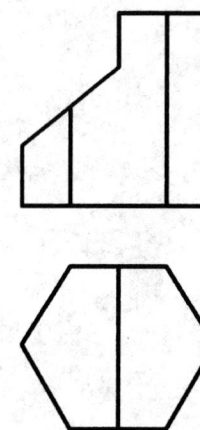

(1) 绘制正等测图。

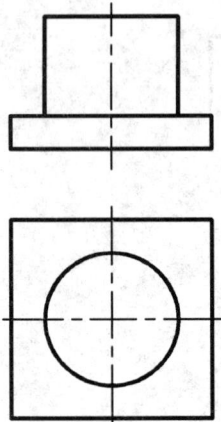

(2) 绘制正等测图。

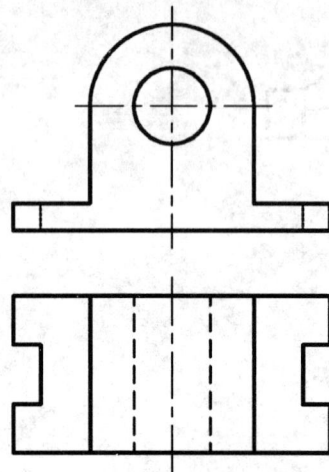

(3) 绘制正等测图。

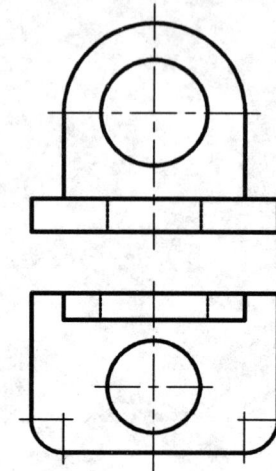

(4) 绘制正等测图。

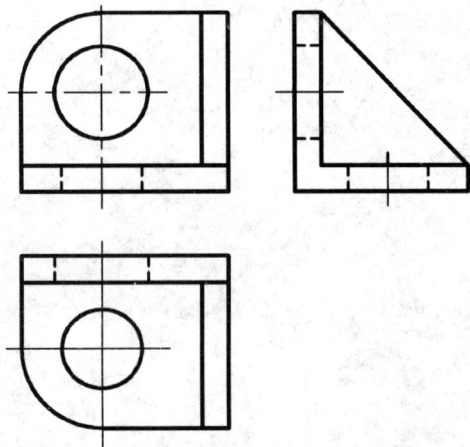

(5) 作切割后圆柱的正等测图。

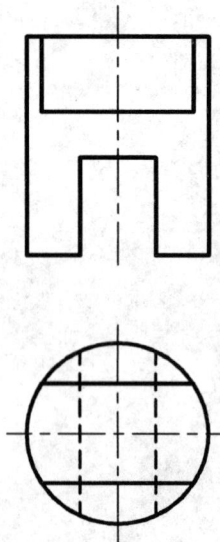

(6) 作仰视正等测图。

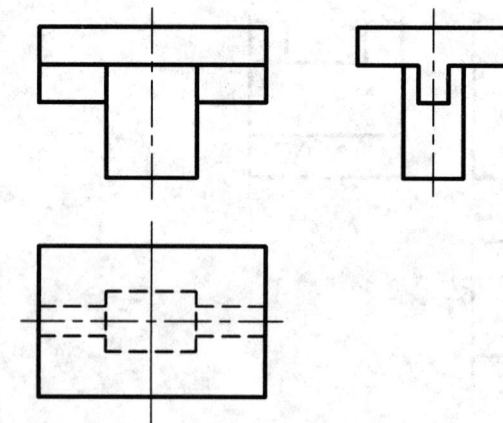

(1) 绘制斜二测图。

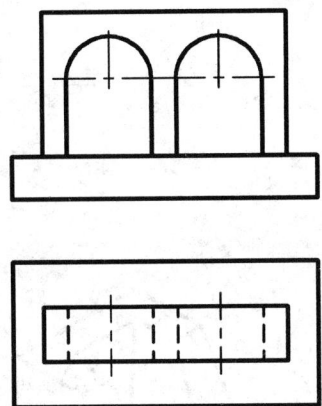

(2) 绘制斜二测图。

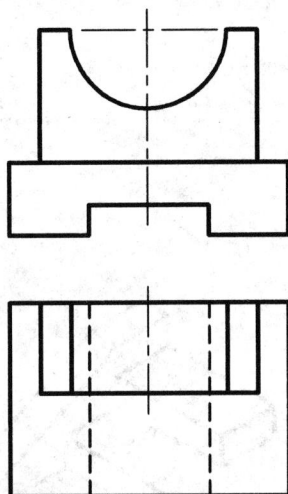

(3) 作水平面斜等测图。

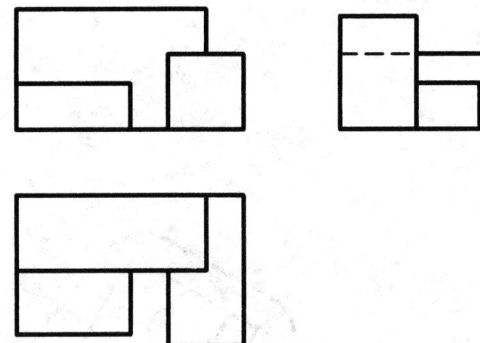

(4) 绘制斜二测图。

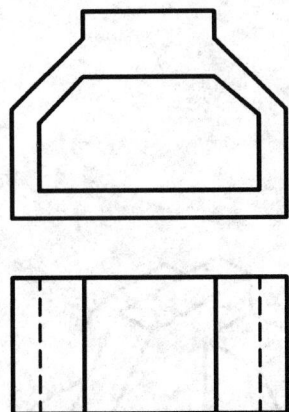

(5) 绘制斜二测图。

(6) 作剖切1/4后物体的正等测图。

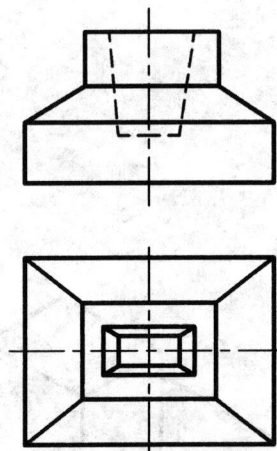

（1）

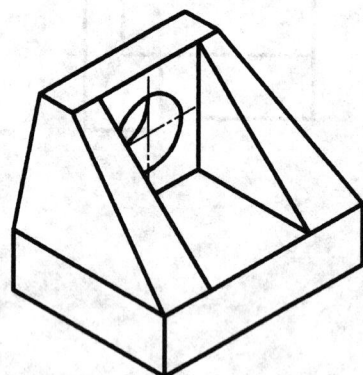

（2）

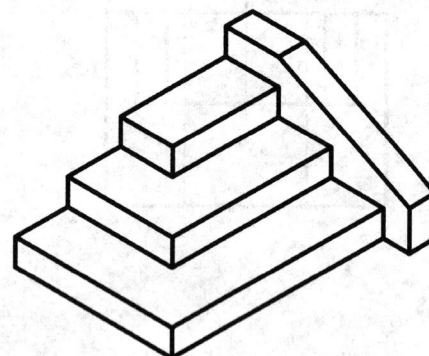

（3）

（4）

（5）

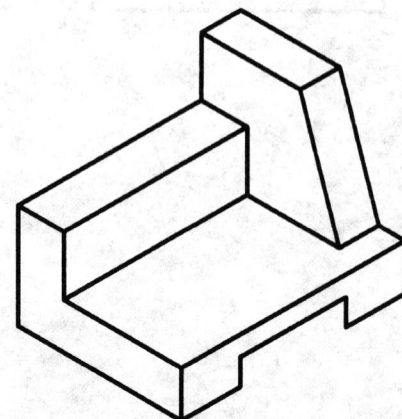

（6）

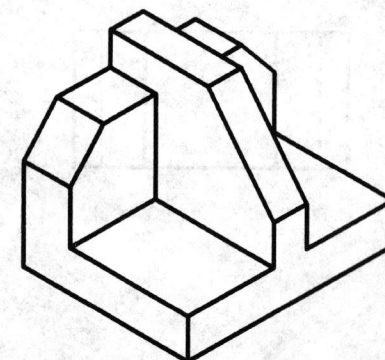

（1）

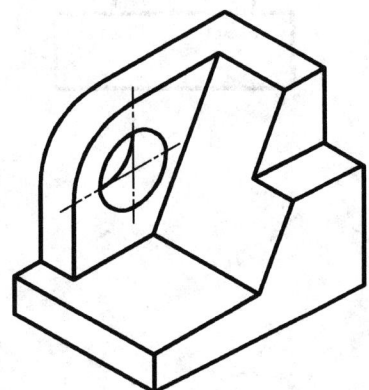

（2）

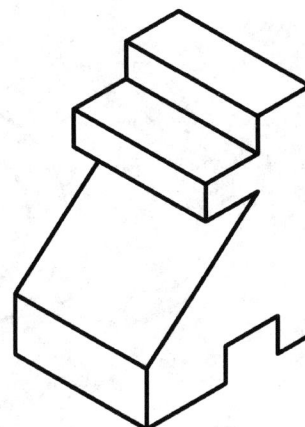

（3）

（4）

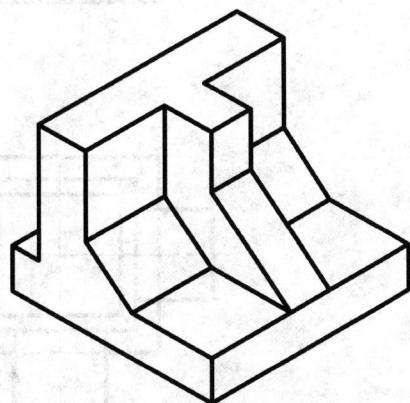

（5）

（6）

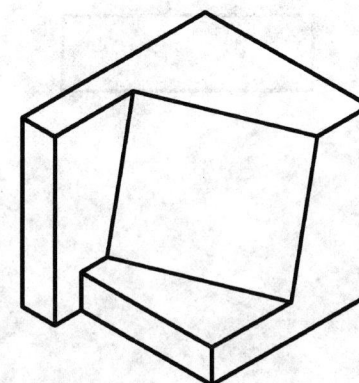

（1）

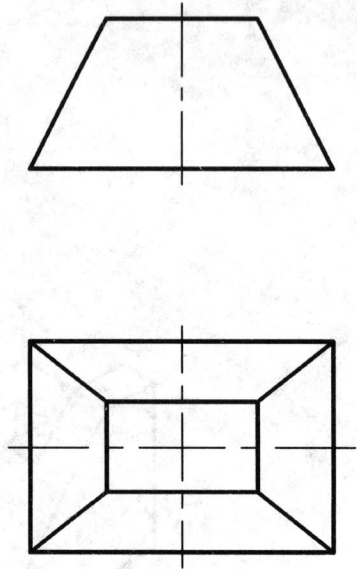

（2）

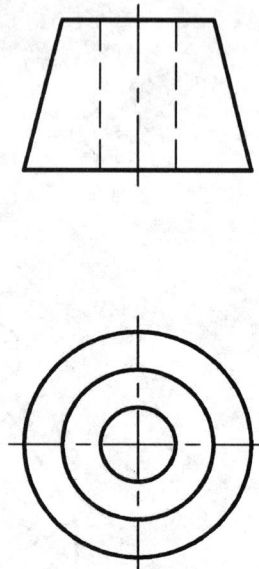

（3）

（4）

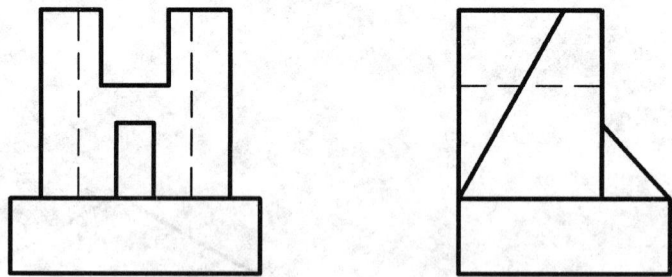

（5）

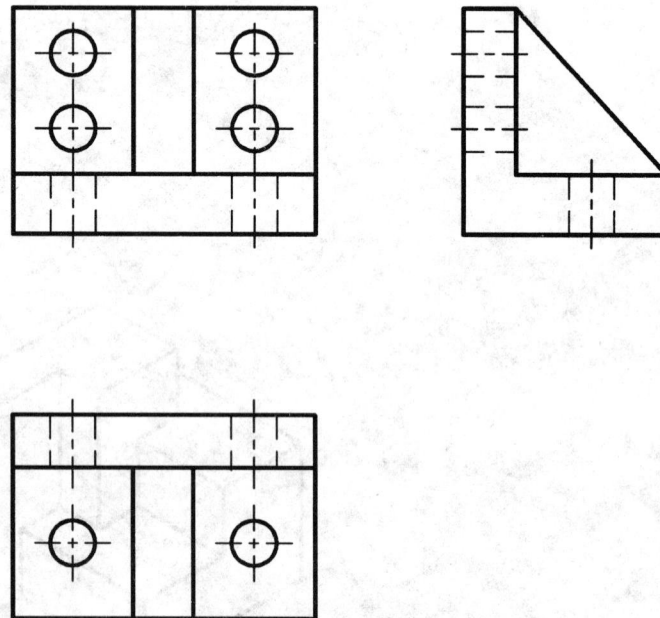

（6）

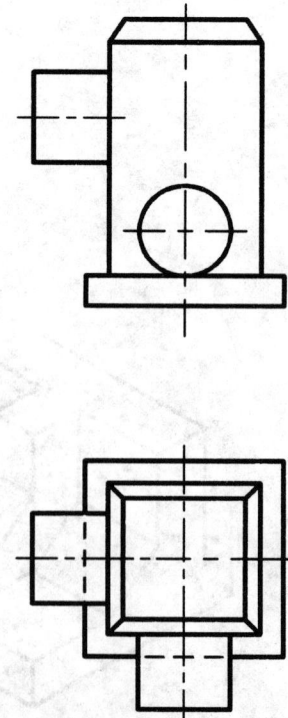

（1）
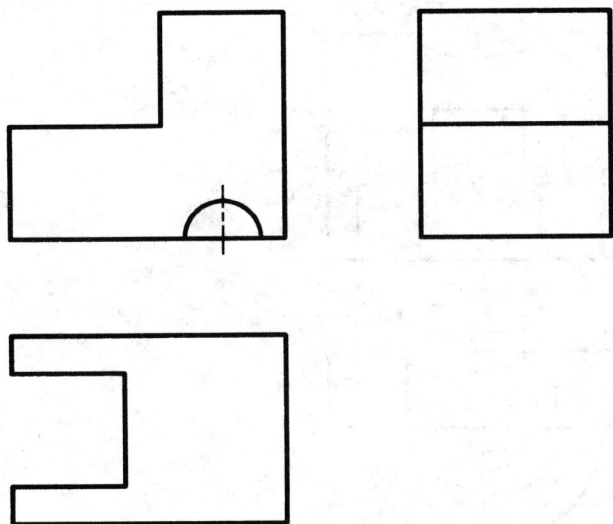

（2）
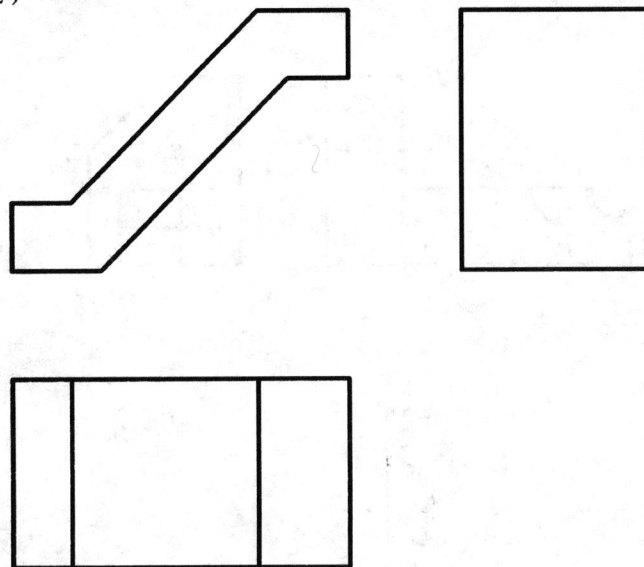

（3）
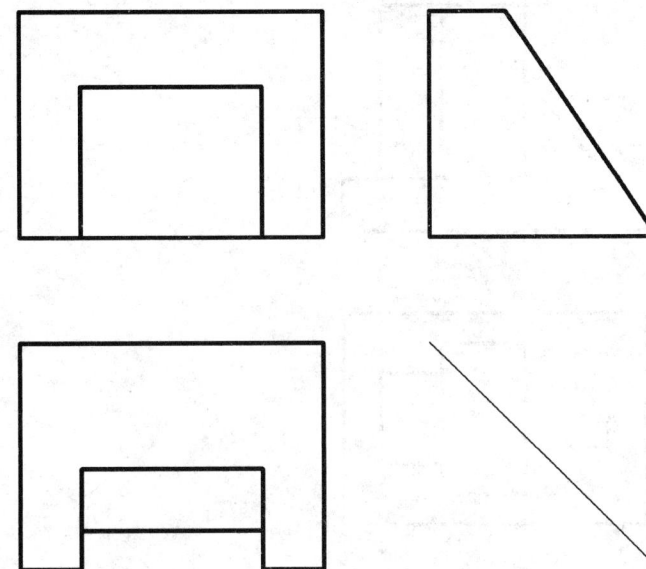

（4）
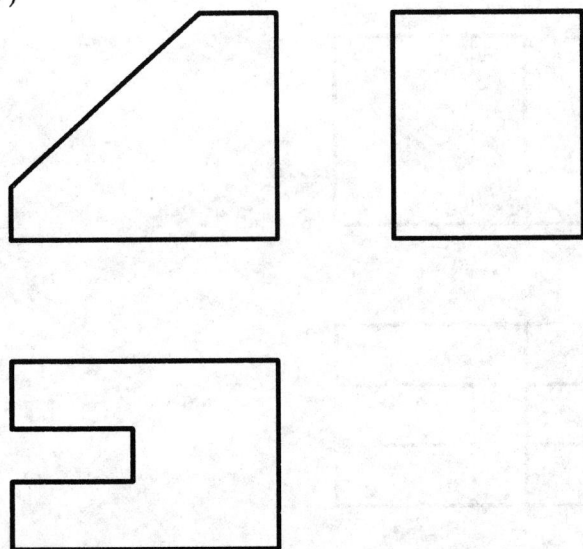

（5）

（6）

（1）
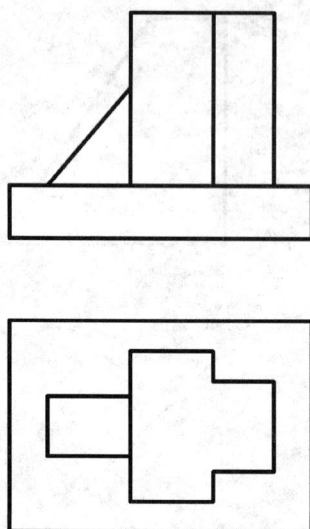

（2）
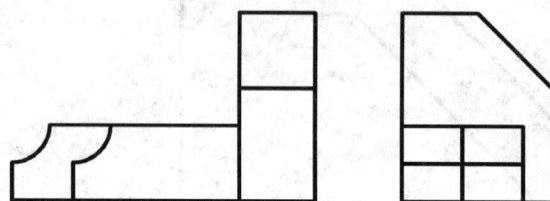

（3）
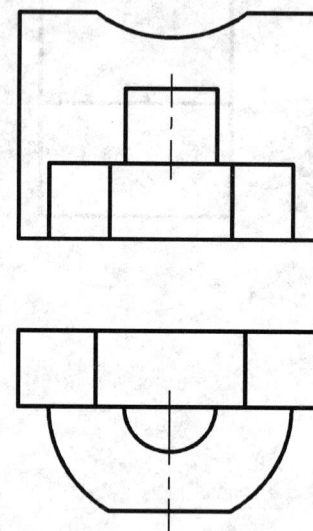

（4）
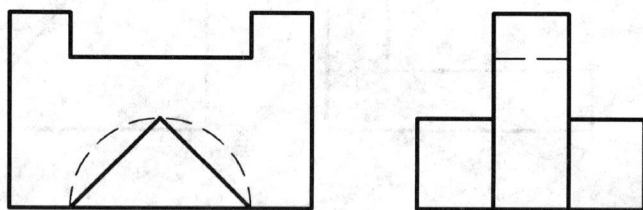

（5）
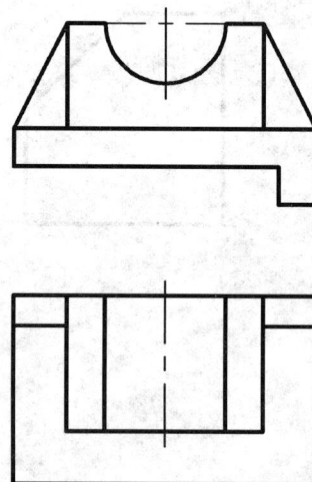

（6）
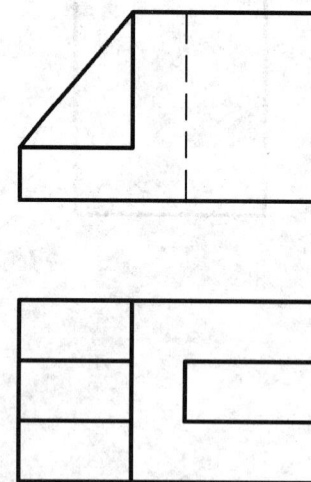

(1)

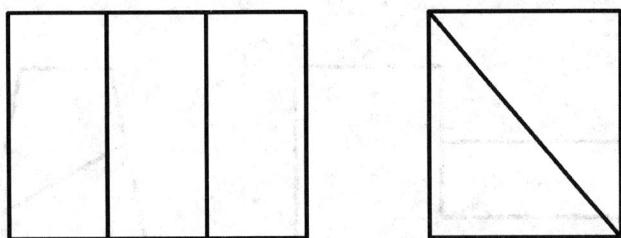

(2)

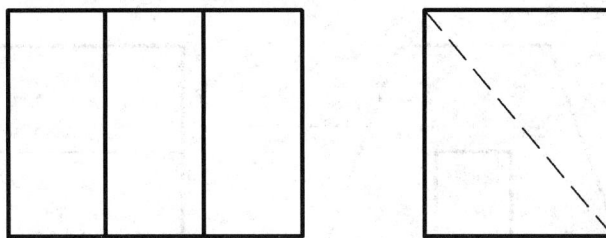

(3)

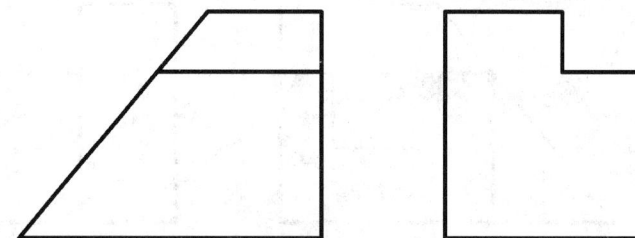

(4)

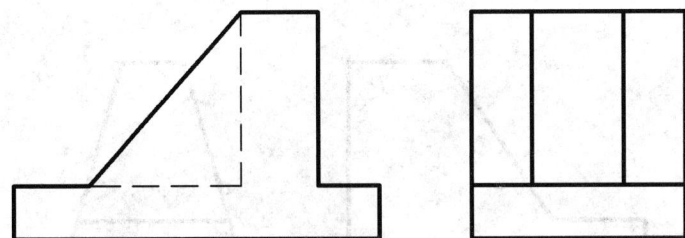

(5)

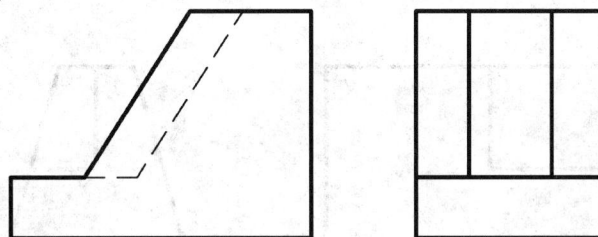

(6)

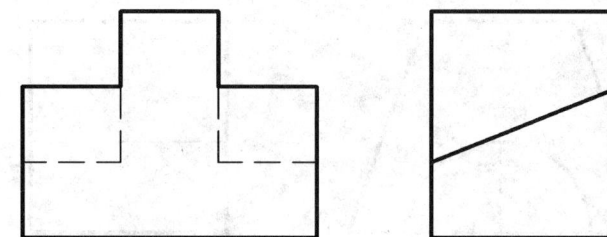

(1)

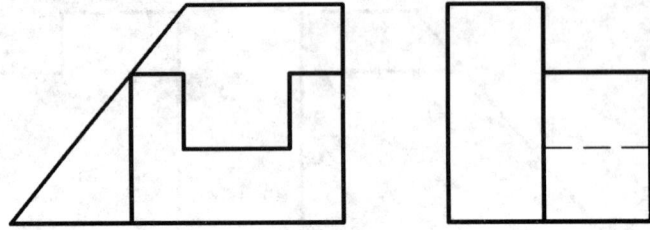

(2)

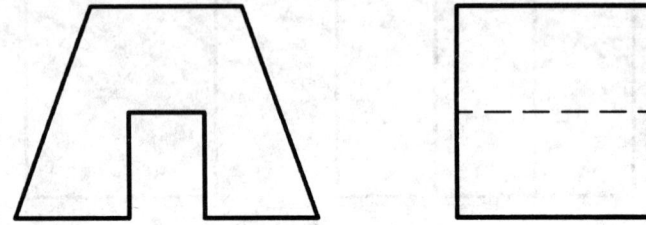

(3)

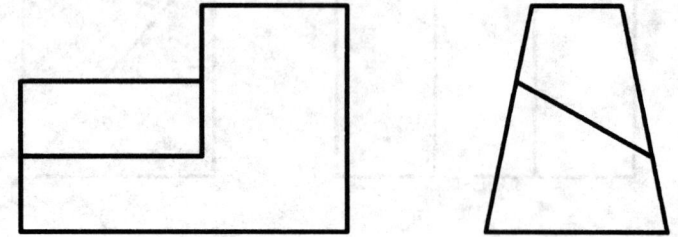

(4)

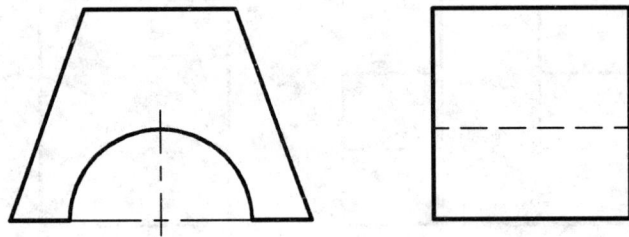

(5)

(6)

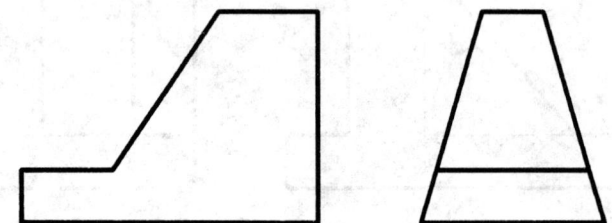

（1）

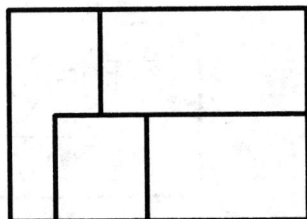

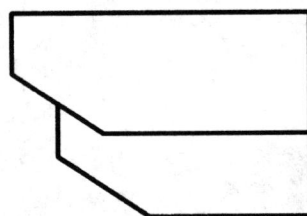

（2）

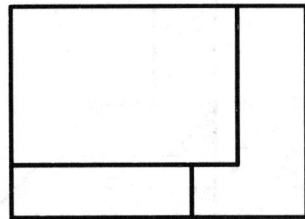

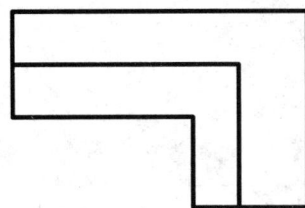

（3）

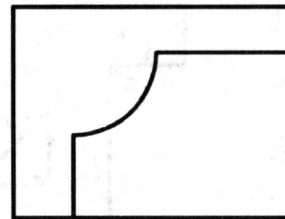

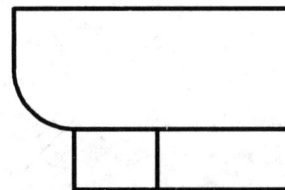

（4）

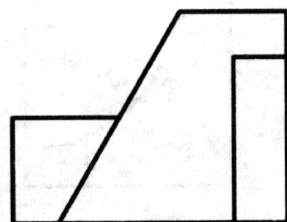 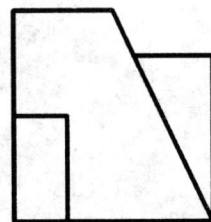

（5）

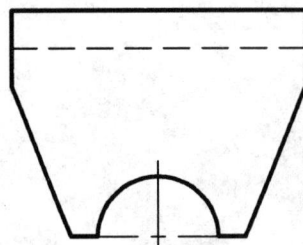 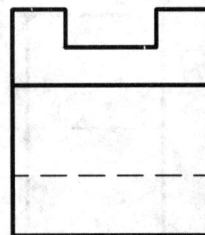

（6）

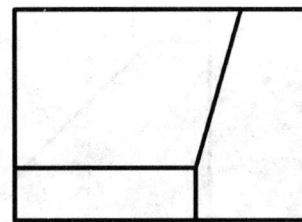 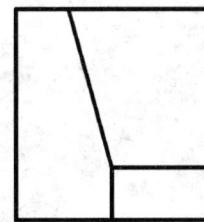

（1）

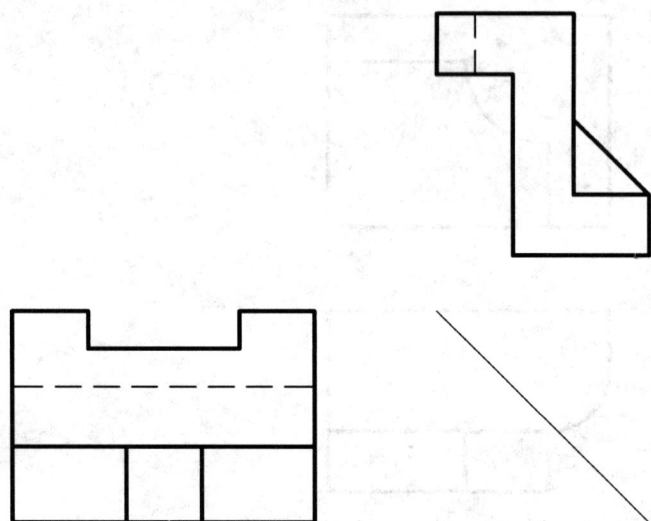

（2）

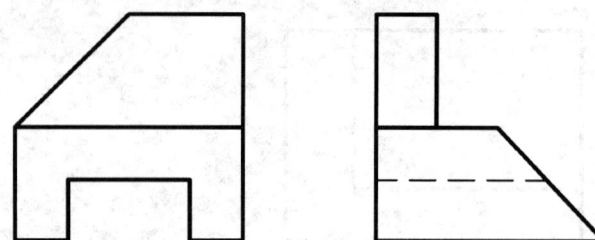

（3）

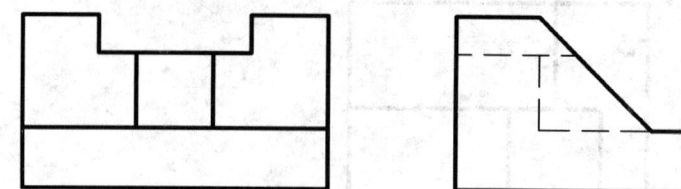

（4）

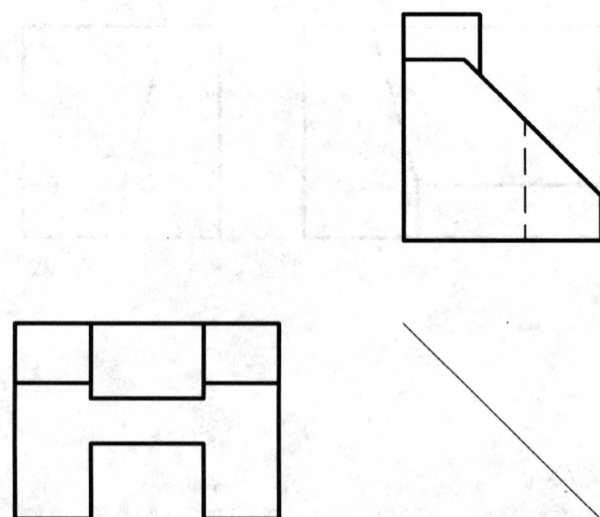

（5）

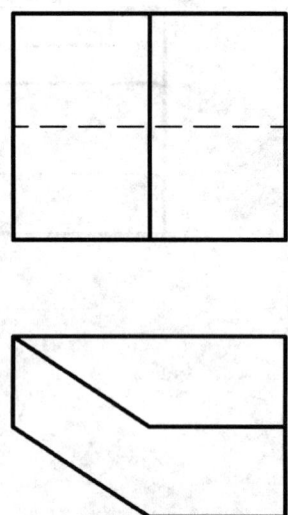

（6）

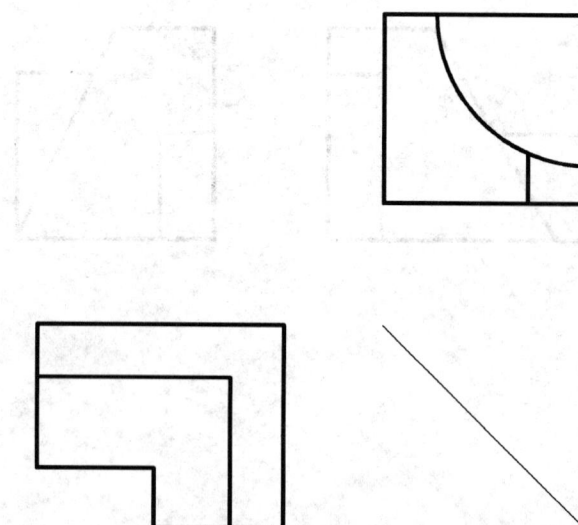

一、目的

1. 学习组合体的投影表达方法。
2. 掌握三面投影图的画法和尺寸标注。

二、内容

在A3图纸上按要求绘制右边的图样（任选一题）

题一：根据台阶的轴测图（见右上附图），绘制其三面投影，并标注尺寸。

题二：抄绘建筑形体的三面投影图（见右下附图）并标注尺寸。

三、要求

1. 图名

题一：台阶的三面投影图

题二：建筑形体的三面投影图

2. 比例

题一：1:4

题二：1:100

3. 图线

粗线宽0.7 mm，中线宽0.35 mm，细线宽0.18 mm。可见轮廓线用粗实线，不可见轮廓线用中虚线、中心线、尺寸线等用细线。

4. 字体

汉字应写长仿宋体，图名用7号字，其余为5号字，字母和数字用3.5号字。

四、说明

1. 合理布置三面投影图的位置。
2. 按实际给定尺寸进行标注。

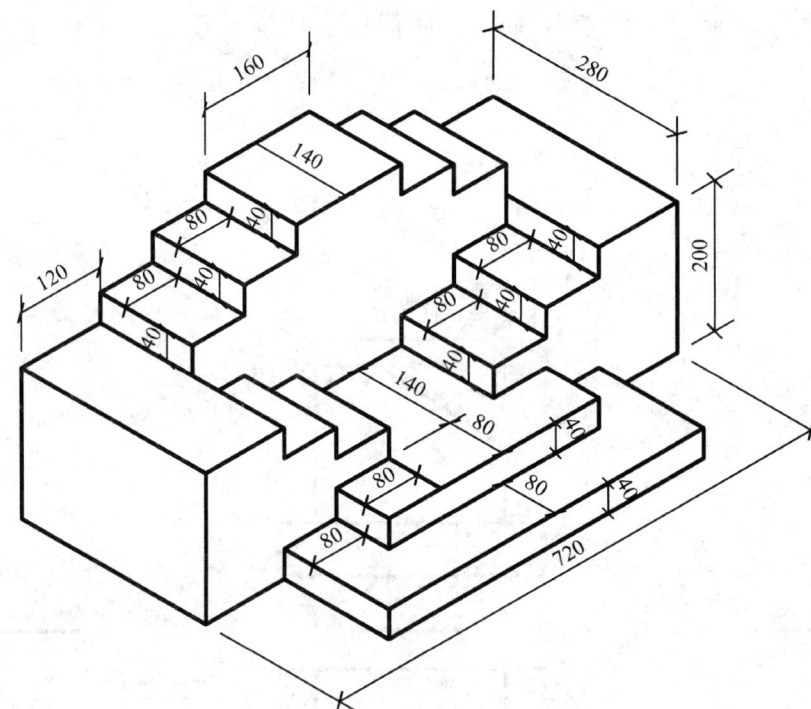

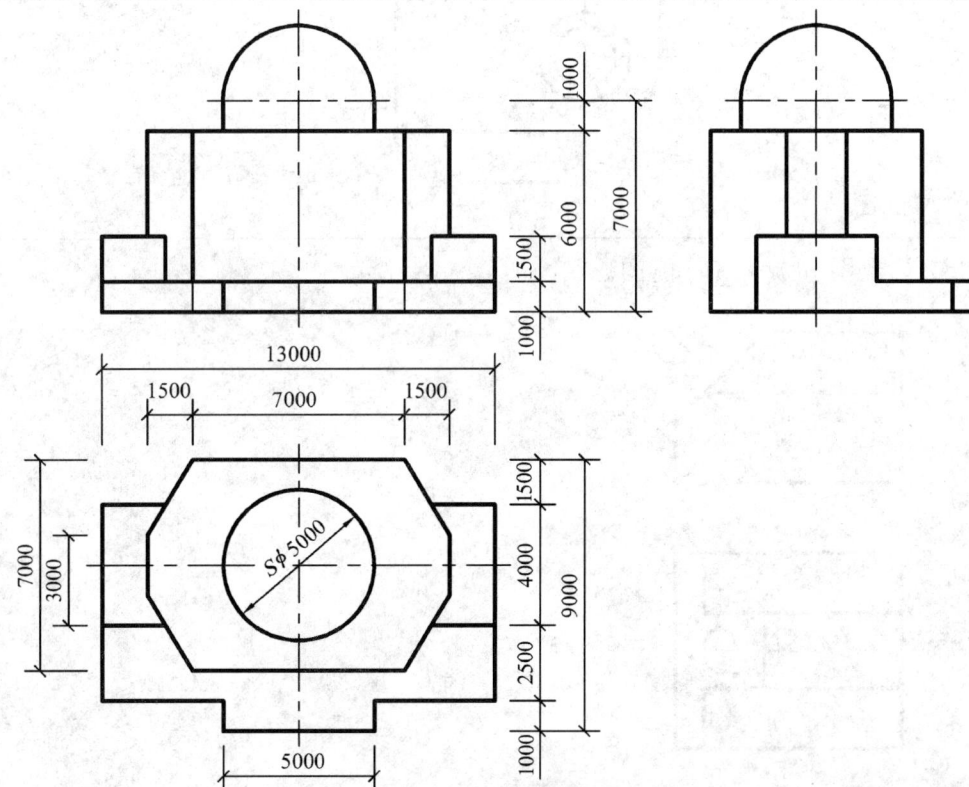

(1) 补画左侧立面图、右侧立面图、底面图和背立面图。

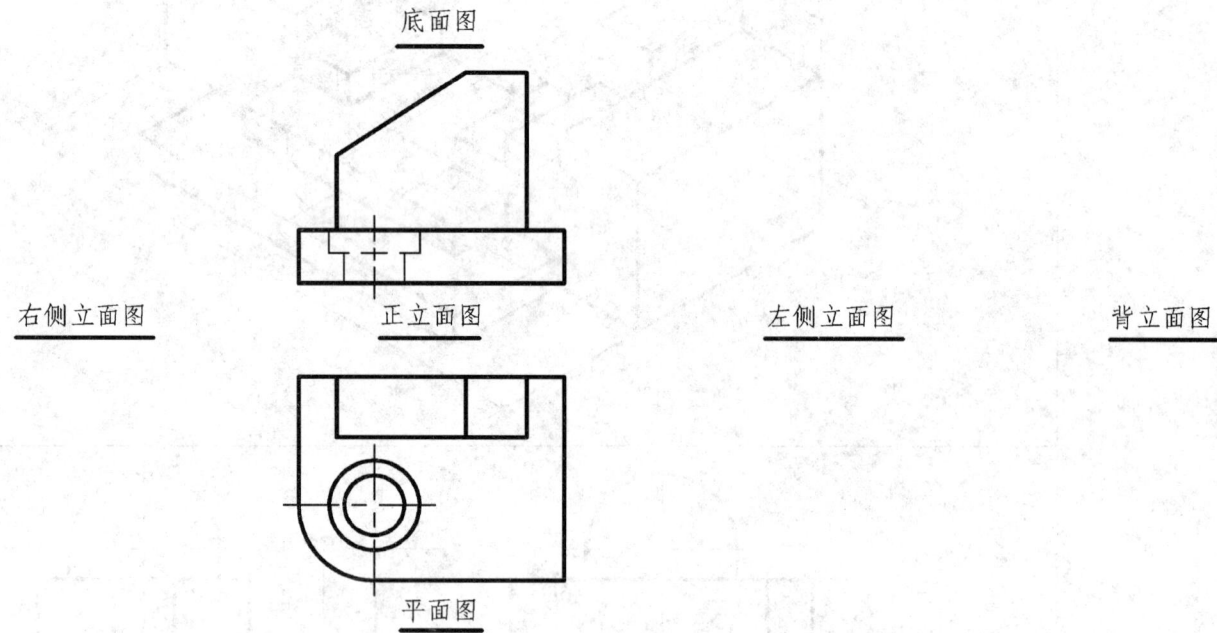

底面图

右侧立面图　　　　正立面图　　　　　左侧立面图　　　　背立面图

平面图

(2) 画出A向视图和旋转A向视图。

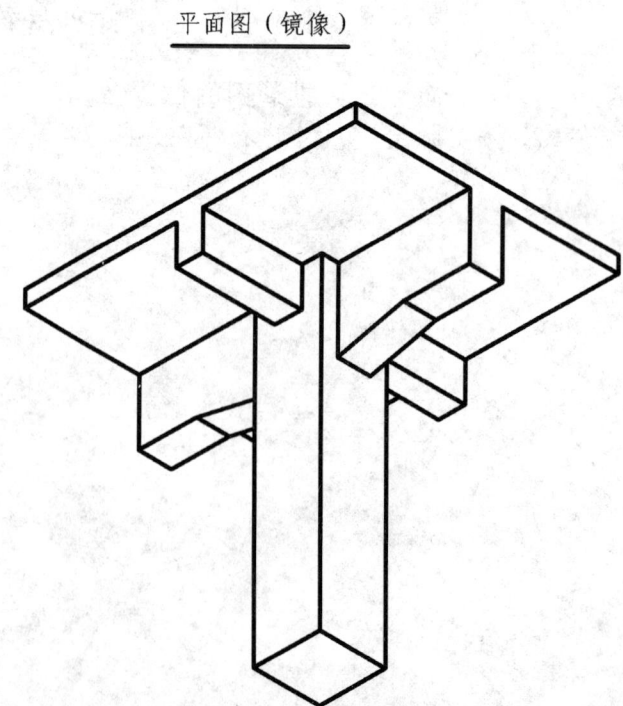

A向　　　　　A向

(3) 补画平面图（镜像）。

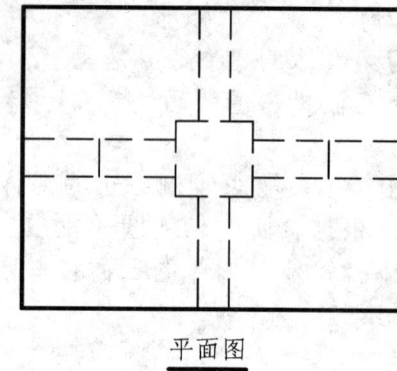

平面图

平面图（镜像）

(1)

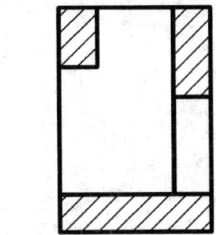

1-1

2-2

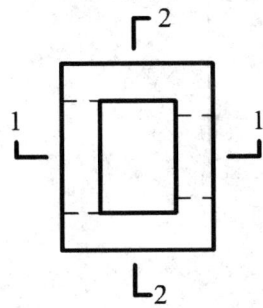

1

2

(2)

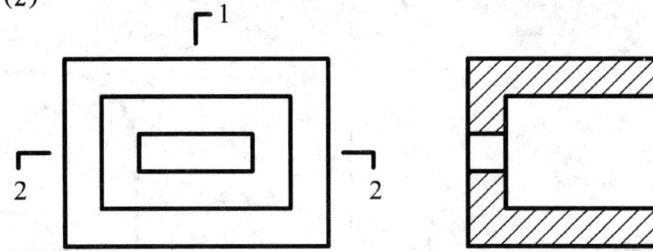

1

2

2

1

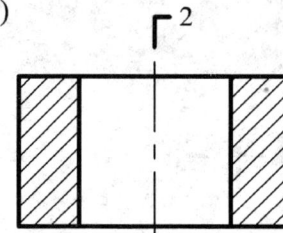

1-1

2-2

(3)

2

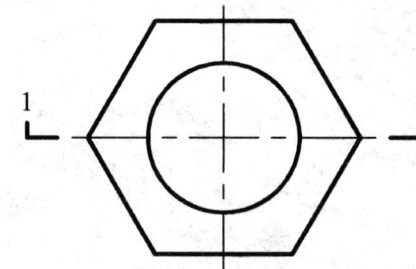

1-1

2-2

1

1

(4)

2

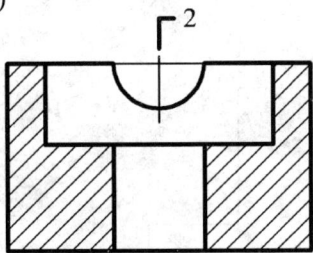

2

1-1

2-2

1

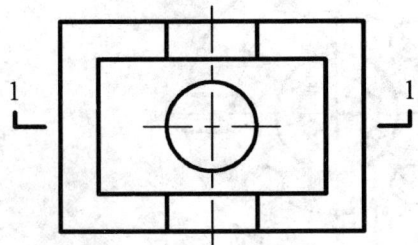

1

(5)

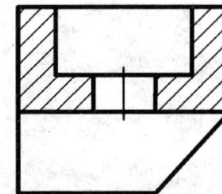

2-2

1-1

2

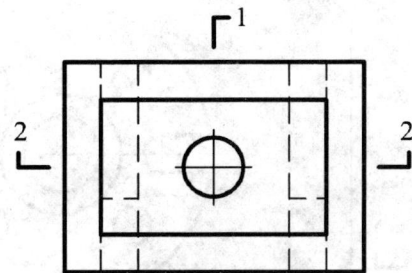

2

1

1

(6)

3

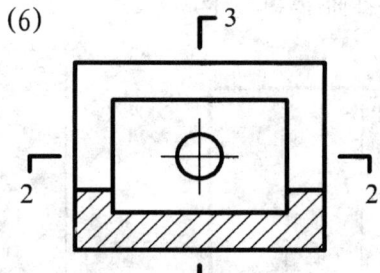

2

2

3

1-1

1

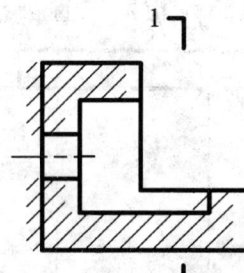

1

3-3

2-2

(1) 补画形体的1-1半剖面图。

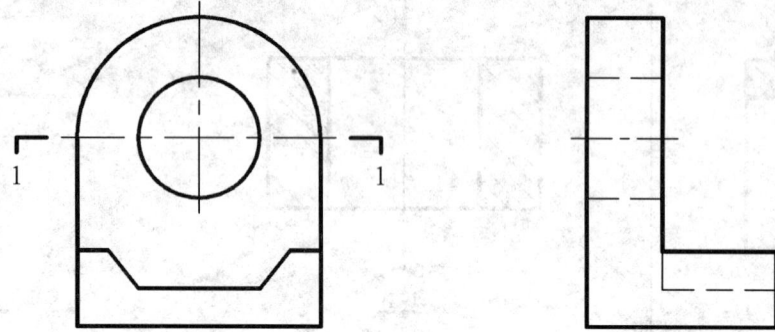

1-1

(2) 在指定位置将原投影图改画成局部剖面图。

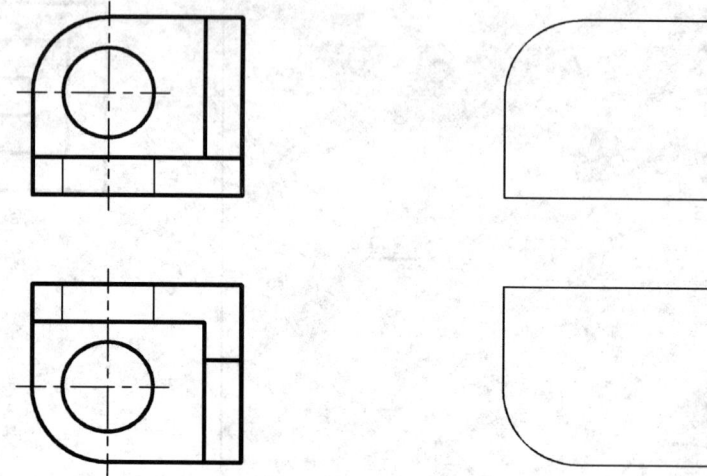

(3) 在指定位置画出1-1阶梯剖面图。

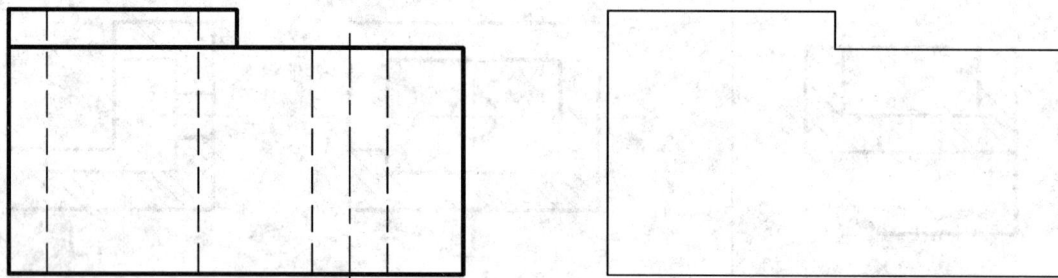

1-1

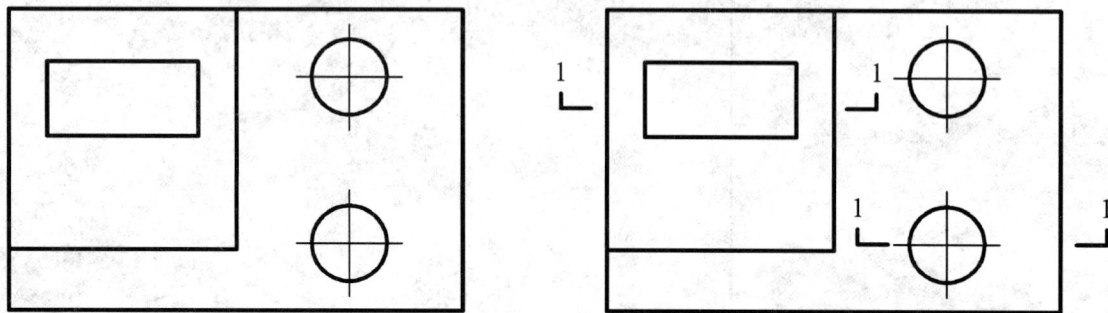

(4) 在指定位置画出1-1旋转剖面图。

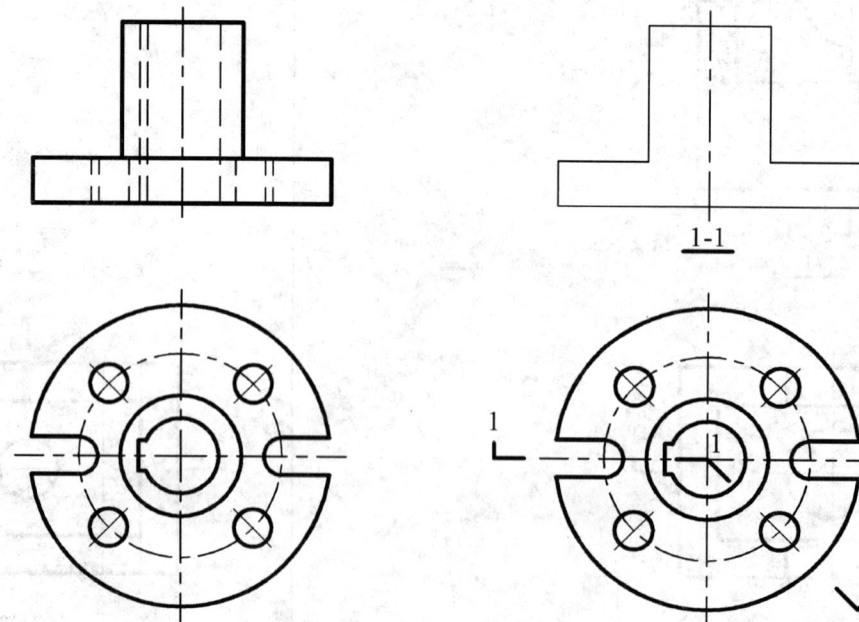

1-1

(1) 绘制形体的1-1断面图和2-2剖面图。

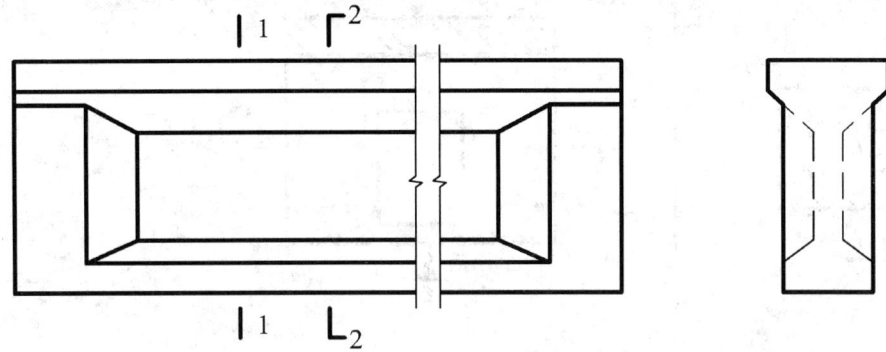

1-1断面图　　　　2-2剖面图

(2) 绘制变截面梁的各断面图。

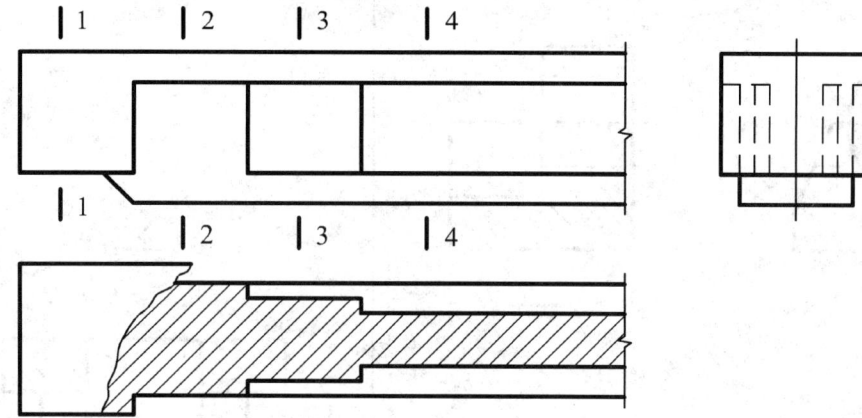

1-1　　　　2-2　　　　3-3　　　　4-4

(3) 根据图(a)中梁的移出断面,在图(b)和图(c)中画出其重合断面和中断断面。

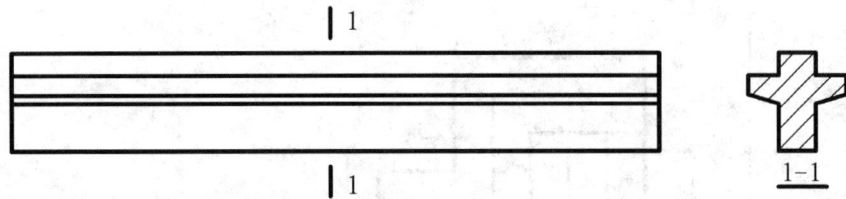

1-1

(a)

(b)

(c)

(4) 在楼面的平面图上画出重合断面图。

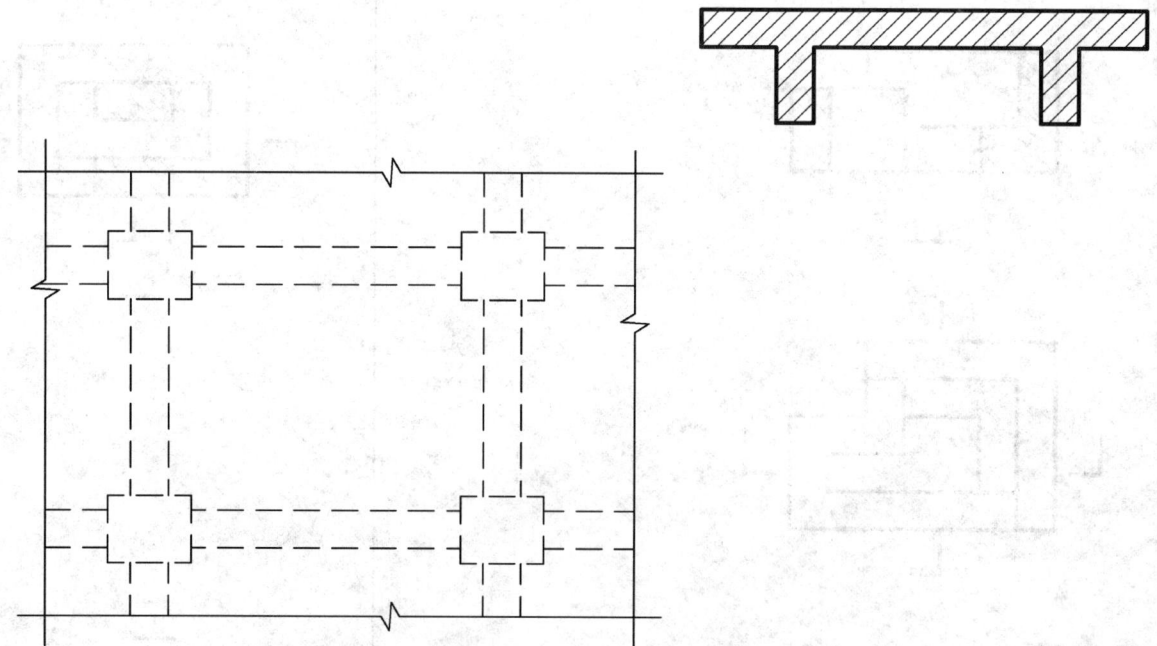

（1）

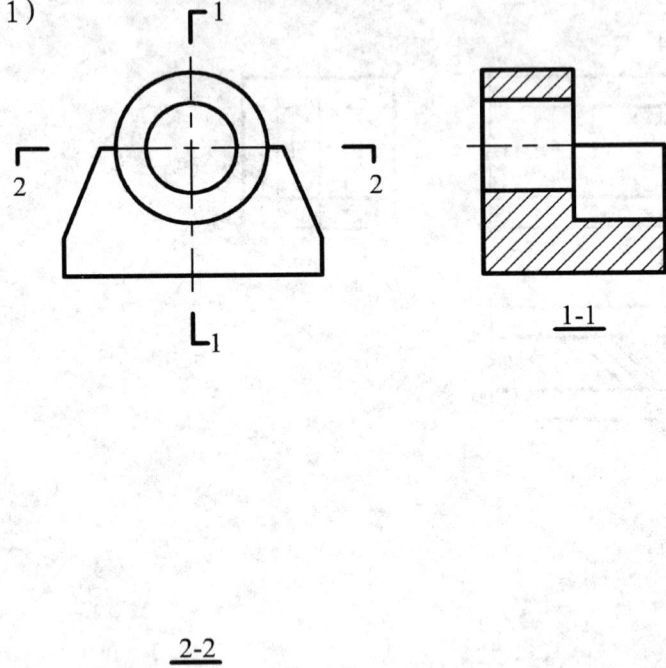

2-2

（2）

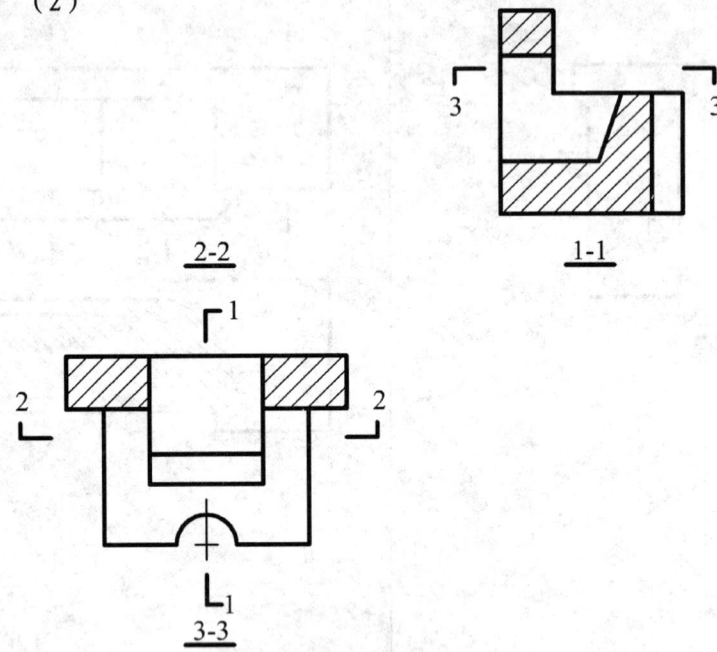

（3）

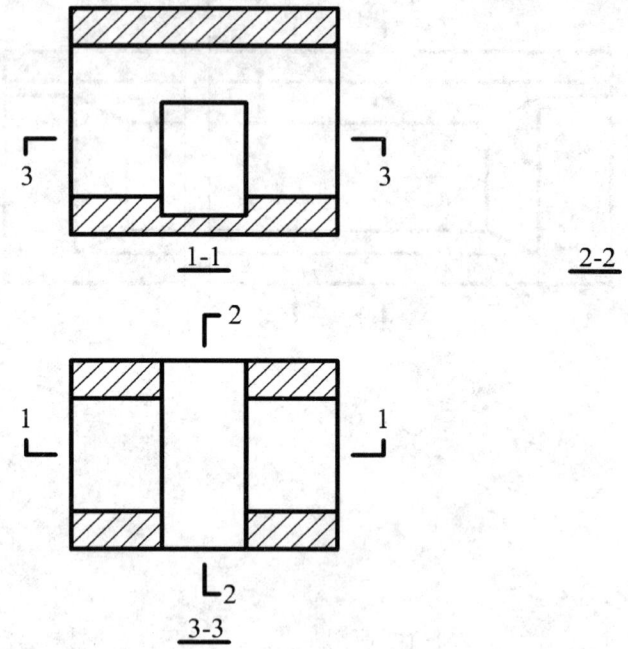

2-2

（4）

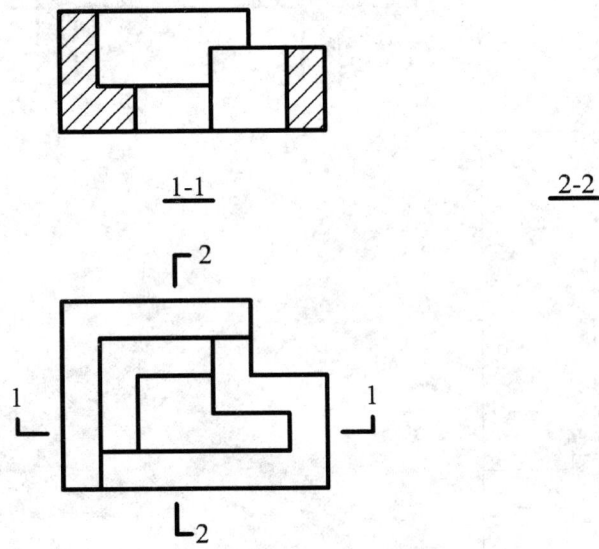

2-2

（5）

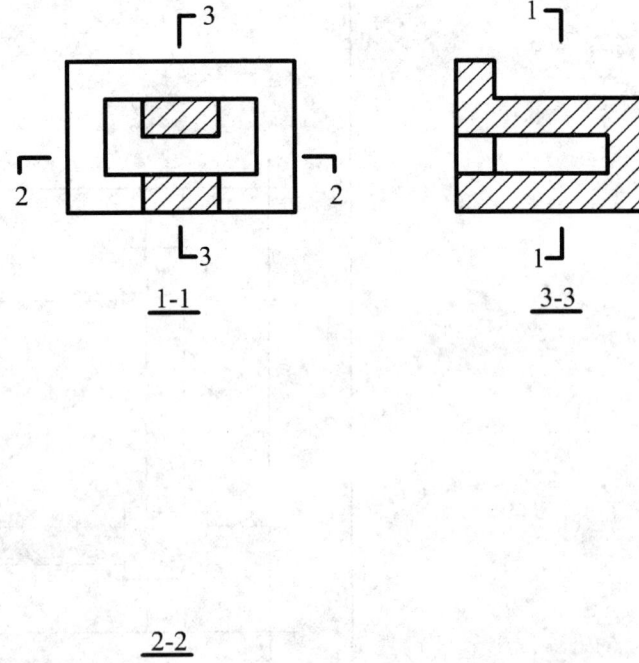

2-2

（6）

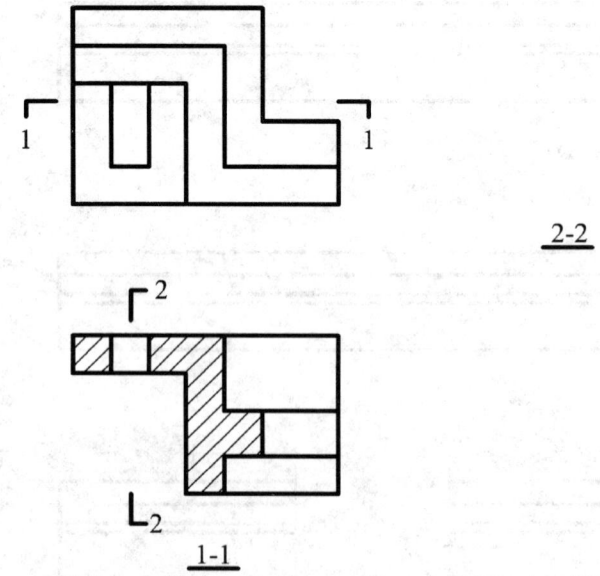

2-2

一、目的

1. 学习表达工程形体的常用图示方法。

2. 掌握剖面图和断面图的画法及尺寸标注。

二、内容（任选一题）

题一：在A3图纸上抄绘含剖面的三视图（见右上附图）并标注尺寸。

题二：根据窨井的轴测图（见右下附图），在A3图纸上绘制适当的剖面图及断面图。

三、要求

1. 图名

题一：三视图

题二：窨井

2. 比例

题一：1:20

题二：1:10

3. 图线

粗线宽0.7 mm，中线宽0.35 mm，细线宽0.18 mm。

4. 字体

汉字写长仿宋体，图名用7号字，其余为5号字，字母和数字用3.5号字。

四、说明

1. 题一：按实际给定的尺寸标注。

2. 题二：窨井前、后、左、右对称，所以立面图和平面图均可画为半剖面图，另外再画出管道断面图。各部分均应画出相应的材料图例。按轴测图中所注尺寸进行标注。

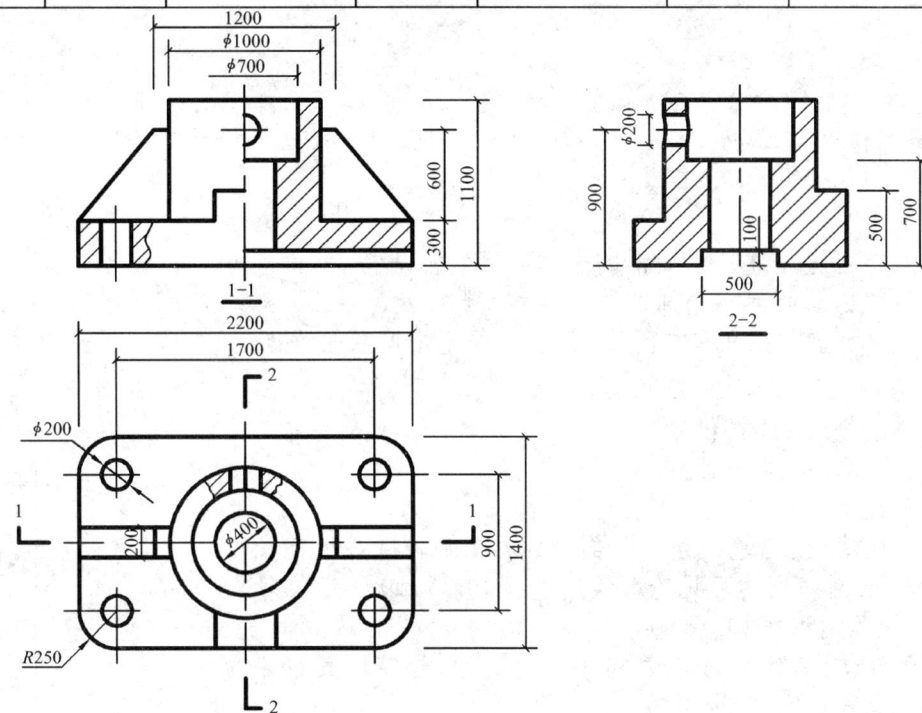

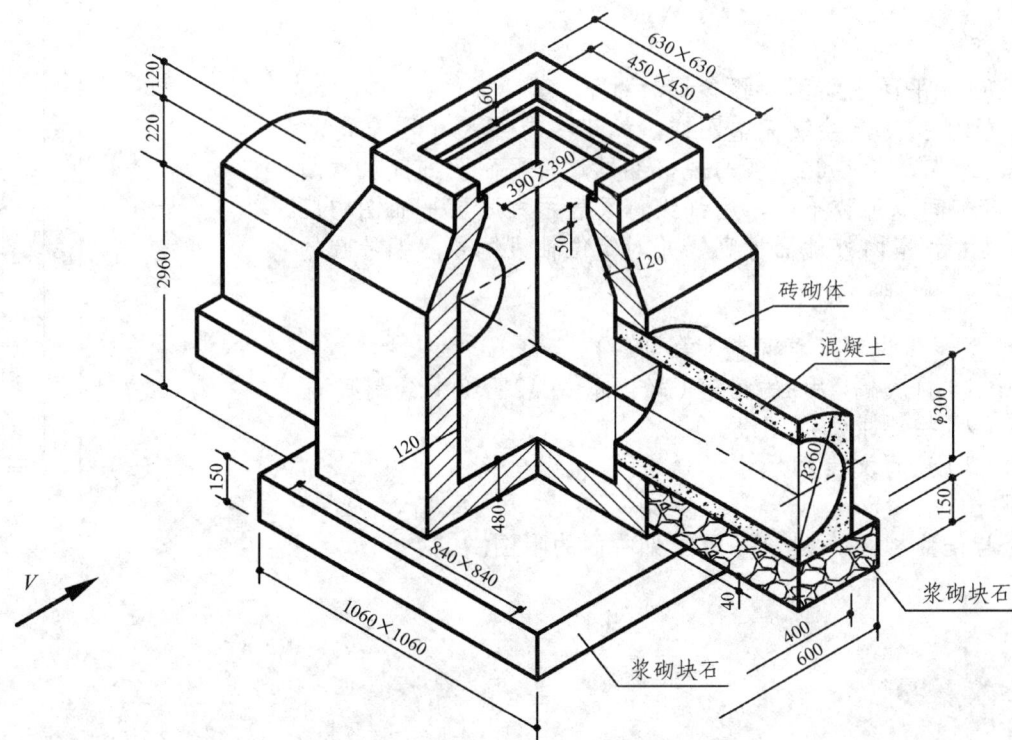

39

建筑平面图作业指导书

1）目的
　　（1）学习房屋建筑平面图的表达内容和画法特点。
　　（2）掌握绘制建筑平面图的方法和步骤。
2）内容： 熟悉教材第9章内容后，抄绘某住宅楼底层平面图。
3）要求
　　（1）图纸：A2绘图纸。
　　（2）图名：一层平面图。
　　（3）比例：1:100。
　　（4）图线：用铅笔线绘制。剖切到的墙身轮廓线用粗线（0.7 mm），未剖切到的可见轮廓线用中线（0.35 mm），定位轴线、尺寸线等用细线（0.18 mm）。
　　（5）字体：汉字应写长仿宋体，图名用7号字，其余用5号字，字母和数字用3.5号或2.5号字。
　　（6）图面整洁，层次分明，字体工整，尺寸无误，作图准确。
4）说明
　　（1）平面图绘图步骤参见教材第9章。
　　（2）按比例绘制完整图样，如某些局部尺寸不全时可自定。墙厚均为200；门窗的规格参见建筑平面图细部尺寸附图。电梯间也可暂不画，用细线打叉表示。底层平面图中应注写尺寸和室内外地面标高，并对定位轴线编号，编号圆的直径为8~10 mm。

5）绘图步骤说明（详见教材第9章）
　　（1）打底稿，用H的铅笔（轻、细）在A2图纸上绘制底稿。
　　（2）按要求加深图线。
　　（3）注写文字和尺寸。

6）附图
　　与作业相关的建筑平面图见右面的附图。

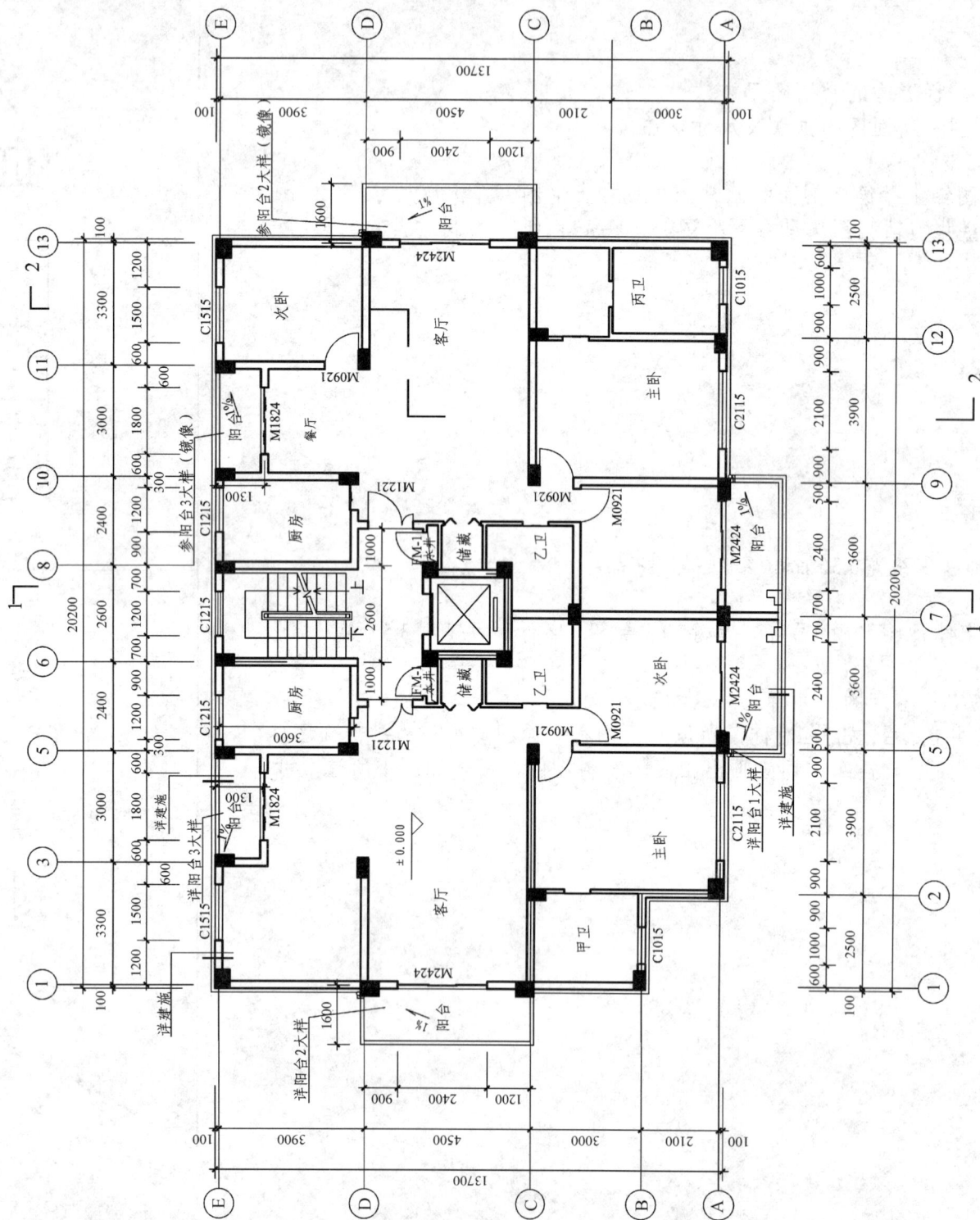

一层平面图　1:100

| 班级 | | 姓名 | | 学号 | |

建筑立面图作业指导书

1）目的
　　（1）学习房屋建筑立面图的表达内容和画法特点。
　　（2）掌握绘制建筑立面图的方法和步骤。

2）内容：熟悉教材第9章内容后，抄绘某住宅楼南立面图。

3）要求
　　（1）图纸：A2绘图纸。
　　（2）图名：南立面图。
　　（3）比例：1:100。
　　（4）图线：用铅笔线绘制。立面图最外轮廓线用粗线（0.7 mm），室外地坪线用加粗线（1 mm），凸出部分的轮廓线和门窗洞用中粗线（0.5 mm），尺寸线、尺寸界线、标高符号用中线（0.35 mm），图例线、分格线等用细线（0.18 mm）。
　　（5）字体：汉字应写长仿宋体，图名用7号字，其余用5号字，字母和数字用3.5号或2.5号字。
　　（6）图面整洁，层次分明，字体工整，尺寸无误，作图准确。

4）说明：按比例抄绘原图，如某些局部尺寸不全时可自定。

5）绘图步骤说明（详见教材第9章）
　　（1）打底稿，用H的铅笔（轻、细）在A2图纸上绘制底稿。
　　（2）按要求加深图线。
　　（3）注写文字和尺寸。

6）附图
　　与作业相关的建筑立面图见右面的附图。

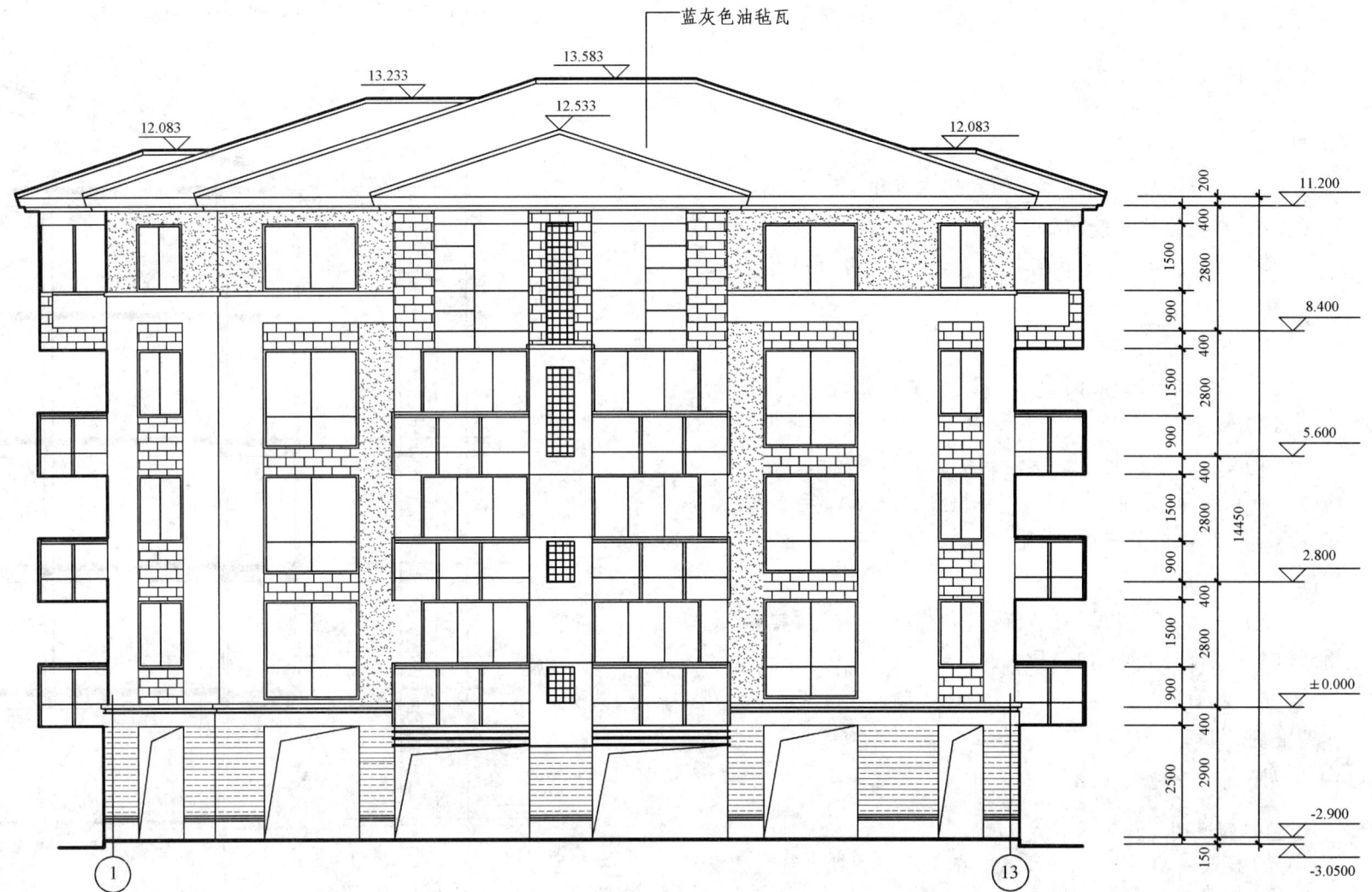

蓝灰色油毡瓦

13.583
13.233
12.533
12.083
12.083

200
400
1500
2800
11.200

900
400
8.400

1500
2800

900
400
5.600

1500
2800
14450

900
400
2.800

1500
2800

900
400
±0.000

2500
2900
-2.900

150
-3.0500

① ⑬

南立面图 1:100

墙面材料图例

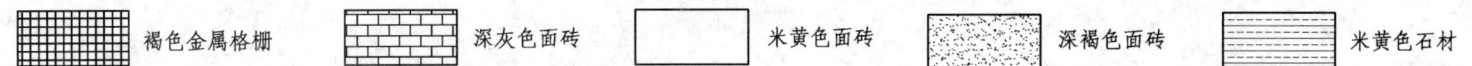

褐色金属格栅　　深灰色面砖　　米黄色面砖　　深褐色面砖　　米黄色石材

建筑剖面图作业指导书

1）目的

（1）学习房屋建筑剖面图的表达内容和画法特点。

（2）掌握绘制建筑剖面图的方法和步骤。

2）内容：熟悉教材第9章内容后，抄绘某住宅1-1剖面图。

3）要求

（1）图纸：A2绘图纸。

（2）图名：1-1剖面图。

（3）比例：1:100。

（4）图线：用铅笔线绘制。剖切到的墙身轮廓线用粗线（0.7 mm），未剖切到的轮廓线用中粗线（0.5 mm），尺寸线、尺寸界线、标高符号用中线（0.35 mm），图例线、分格线等用细线（0.18 mm）。

（5）字体：汉字应写长仿宋体，图名用7号字，其余用5号字，字母和数字用3.5号或2.5号字。

（6）图面整洁，层次分明，字体工整，尺寸无误，作图准确。

4）说明：按比例抄绘原图，如某些局部尺寸不全时可自定。

5）绘图步骤说明（详见教材第9章）

（1）打底稿，用H的铅笔（轻、细）在A2图纸上绘制底稿。

（2）按要求加深图线。

（3）注写文字和尺寸。

6）附图

与作业相关的建筑剖面图见右面的附图。

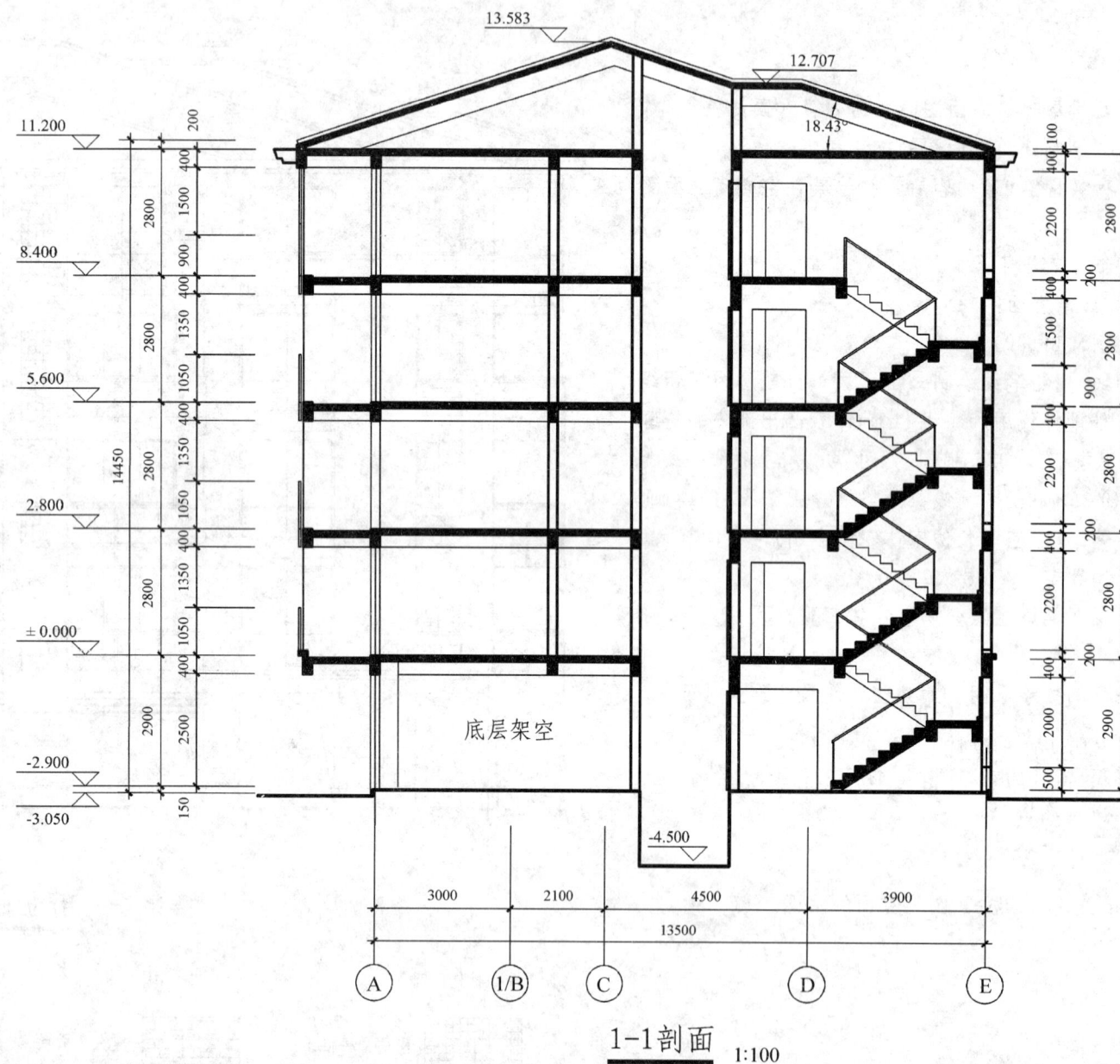

1-1剖面　　1:100

9 建筑施工图　作业四　建筑详图

班级		姓名		学号	

建筑详图作业指导书

1）目的

（1）学习房屋建筑详图的表达内容和画法特点。

（2）掌握绘制建筑详图的方法和步骤。

2）内容：熟悉教材第9章内容后，抄绘某住宅楼楼梯平面图。

3）要求

（1）图纸：A3绘图纸。

（2）图名：楼梯平面图。

（3）比例：1:100。

（4）图线：用铅笔线绘制，具体要求同建筑平、剖面图。

（5）字体：汉字应写成长仿宋体，图名用7号字，其余用5号字，字母和数字用3.5号或2.5号字。

（6）图面整洁，层次分明，字体工整，尺寸无误，作图准确。

4）说明：按比例抄绘原图，如某些局部尺寸不全时可自定。

5）绘图步骤说明（详见教材第9章）

（1）打底稿，用H的铅笔（轻、细）在A3图纸上绘制底稿。

（2）按要求加深图线。

（3）注写文字和尺寸。

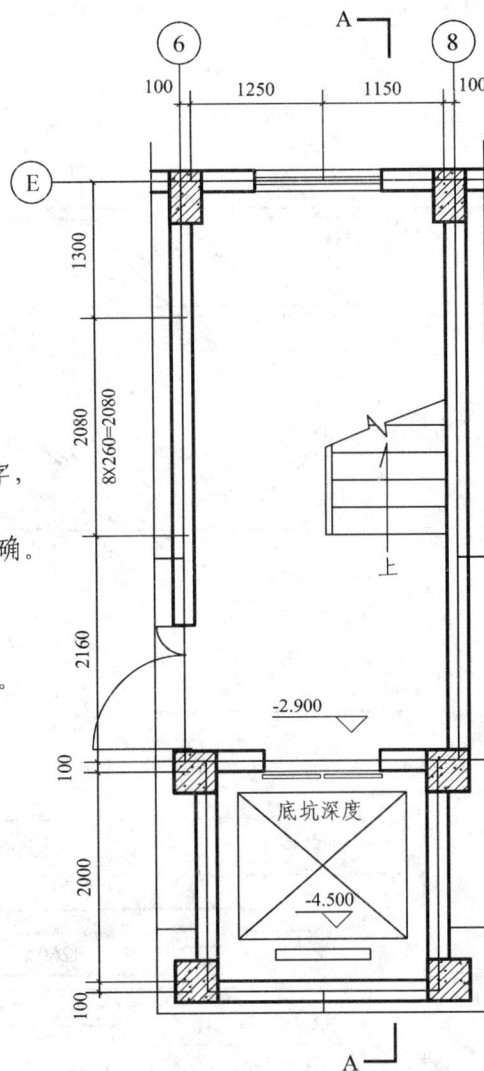

楼梯底层平面图　1:50

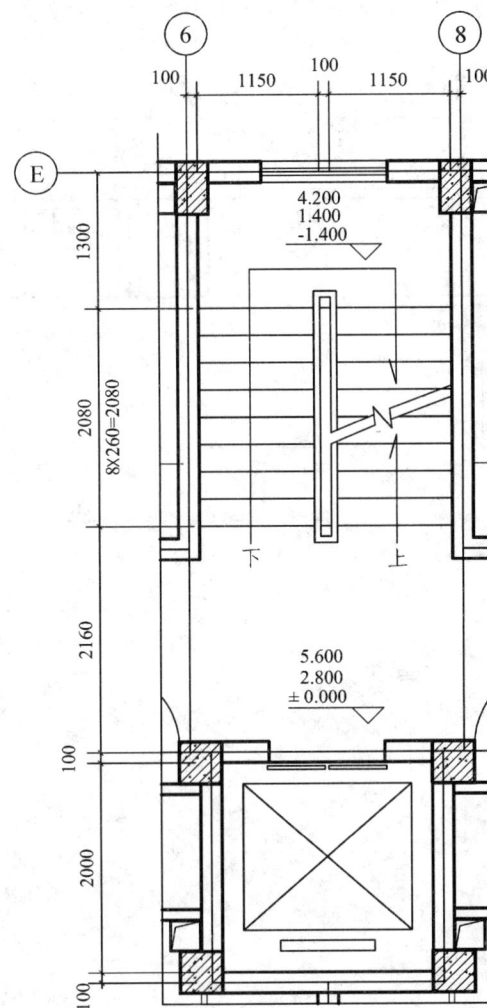

楼梯中间层平面图　1:50

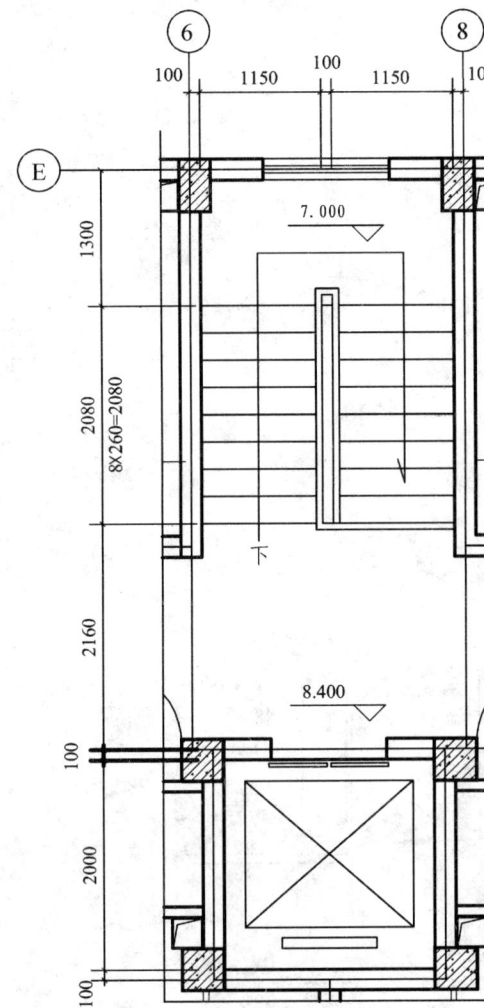

楼梯顶层平面图　1:50

1）用A3图纸抄绘主梁配筋图，并补画1-1、2-2断面图。

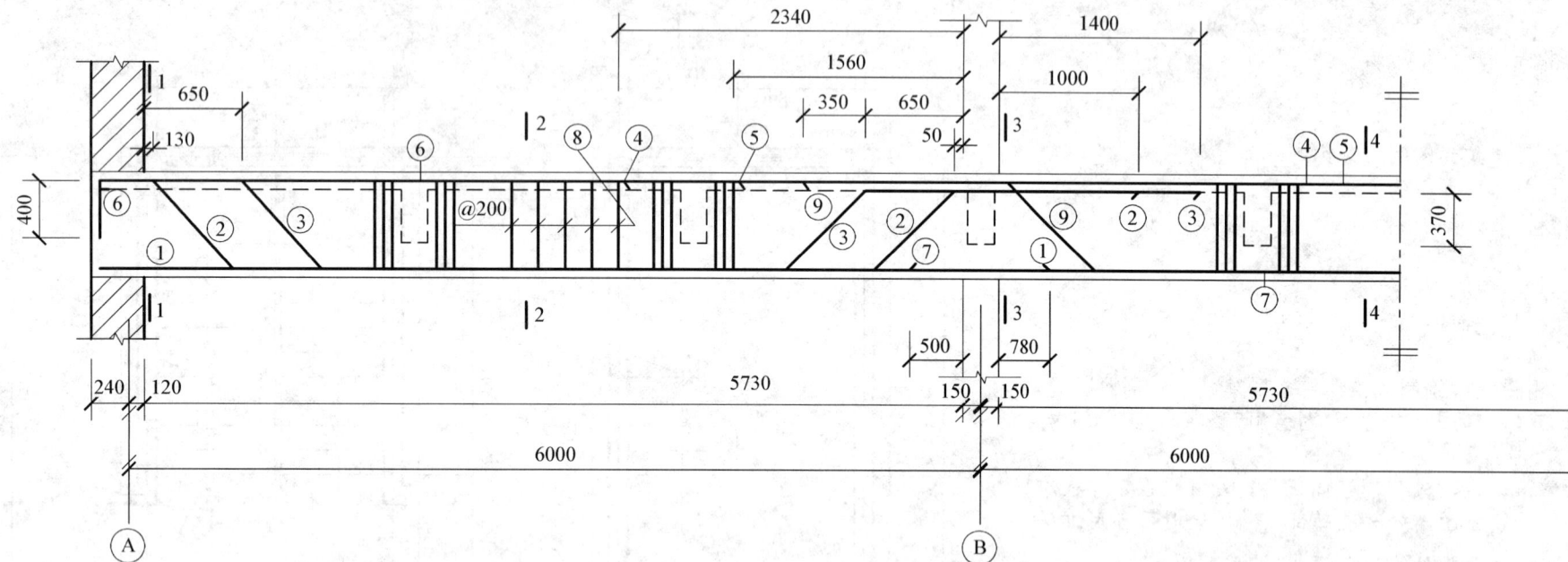

L-1主梁配筋图　1:30

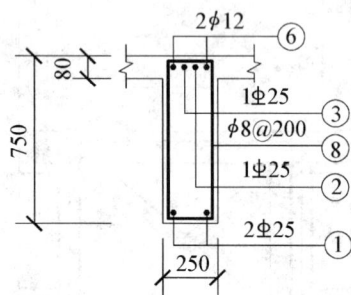

1-1　1:20

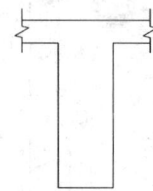

2-2

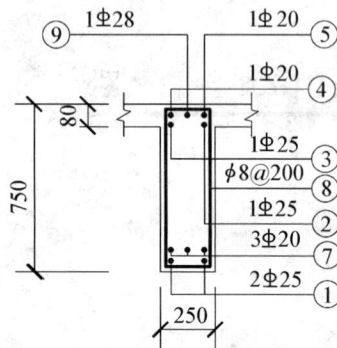

3-3　1:20

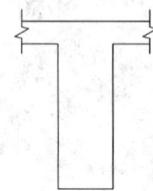

4-4

钢筋表

构件	编号	简图	直径	单根长(mm)	根数	总长（m）
主 梁	1	6270	⊈25	6720	4	2688
	2	400 395 990 4260 990 1350	⊈25	8345	2	16.69
	3	400 1000 990 3060 990 2390	⊈25	8790	2	17.58
	4	10980	⊈20	10980	1	10.98
	5	94200	⊈20	9420	1	9.42
	6	6400	φ12	6400	4	25.60
	7	7000	⊈20	7000	3	21.00
	8	200 700	φ8	1920	126	241.92
	9	1350 990 4200 990 1350	⊈28	8880	1	8.88

注：主梁的钢箍在次梁两侧需加密，即加3φ8@50。

班级　　　姓名　　　学号

2）抄绘本页的结构施工图

绘图要求：

（1）图名：三～四层楼梁平法施工图。

（2）图幅：A3图纸。

（3）比例：1:200。

（4）线型、线宽、字号等符合相关要求。

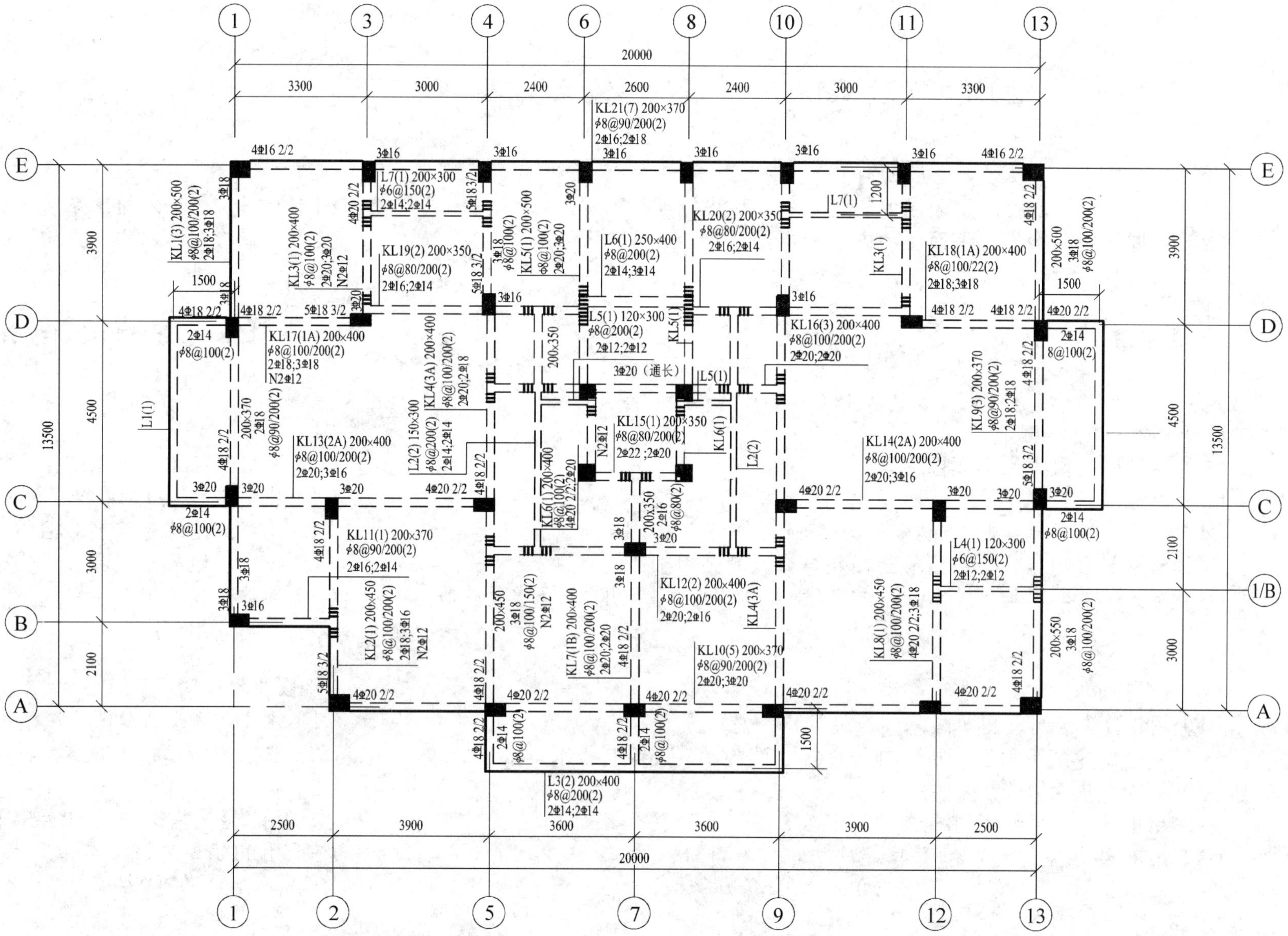

三～四层梁平法施工图　1:100

说明：1. 图中 ⫿⫿ ⫿⫿ 为8支加密箍，直径同主梁，间距50 mm。

2. 未注明尺寸的梁位距轴线及尺寸线中或柱边。

3. 有挑梁时，挑梁上部负筋伸入跨中的长度除须满足03G101-1图集外，还应大于等于外挑尺寸。

作业1 给水排水平面图

1）目的
（1）学习房屋给水排水平面图的表达方法和画法特点。
（2）掌握绘制给水排水平面图的方法和步骤。

2）内容
根据附图，抄绘室内给水排水平面图。

3）要求
（1）图纸：A2绘图纸。
（2）图名：给水排水平面图。
（3）比例：1:100。
（4）图线：用铅笔绘制。粗线宽为0.7 mm，细线宽为0.18 mm。
给水管道用粗线，排水管道用粗虚线，其余用细线。
（5）字体：汉字用长仿宋字。图名用7号字，字母和数字用3.5号字，其他
用5号字。

4）绘图步骤说明
（1）用H铅笔绘制草图（注意细、轻）
先绘制建筑平面图，再绘制给水排水设备，最后绘制给水排水管道。
（2）检查，描深
用H铅笔描深细线，B铅笔描深粗线。
（3）用HB铅笔注写文字和尺寸

5）附图
给水排水平面图如附图所示。

作业2 给水排水系统图

1）目的
（1）学习房屋给水排水系统图的表达方法和画法特点。
（2）掌握绘制给水排水系统图的方法和步骤。

2）内容
根据附图，抄绘室内给水排水系统图。

3）要求
（1）图纸：A2绘图纸。
（2）图名：给水排水系统图。
（3）比例：1:100。
（4）图线：用铅笔绘制。粗线宽为0.7 mm，细线宽为0.18 mm。
给水排水管道用粗线，其余用细线。
（5）字体：汉字用长仿宋字。图名用7号字，字母和数字用3.5号字，其他
用5号字。

4）绘图步骤说明
（1）用H铅笔绘制草图（注意细、轻）
先绘制给水排水管道，再绘制给水排水附件。
（2）检查，描深
用H铅笔描深细线，B铅笔描深粗线。
（3）用HB铅笔注写文字和尺寸

5）附图
给水排水系统图如附图所示。

班级	姓名	学号

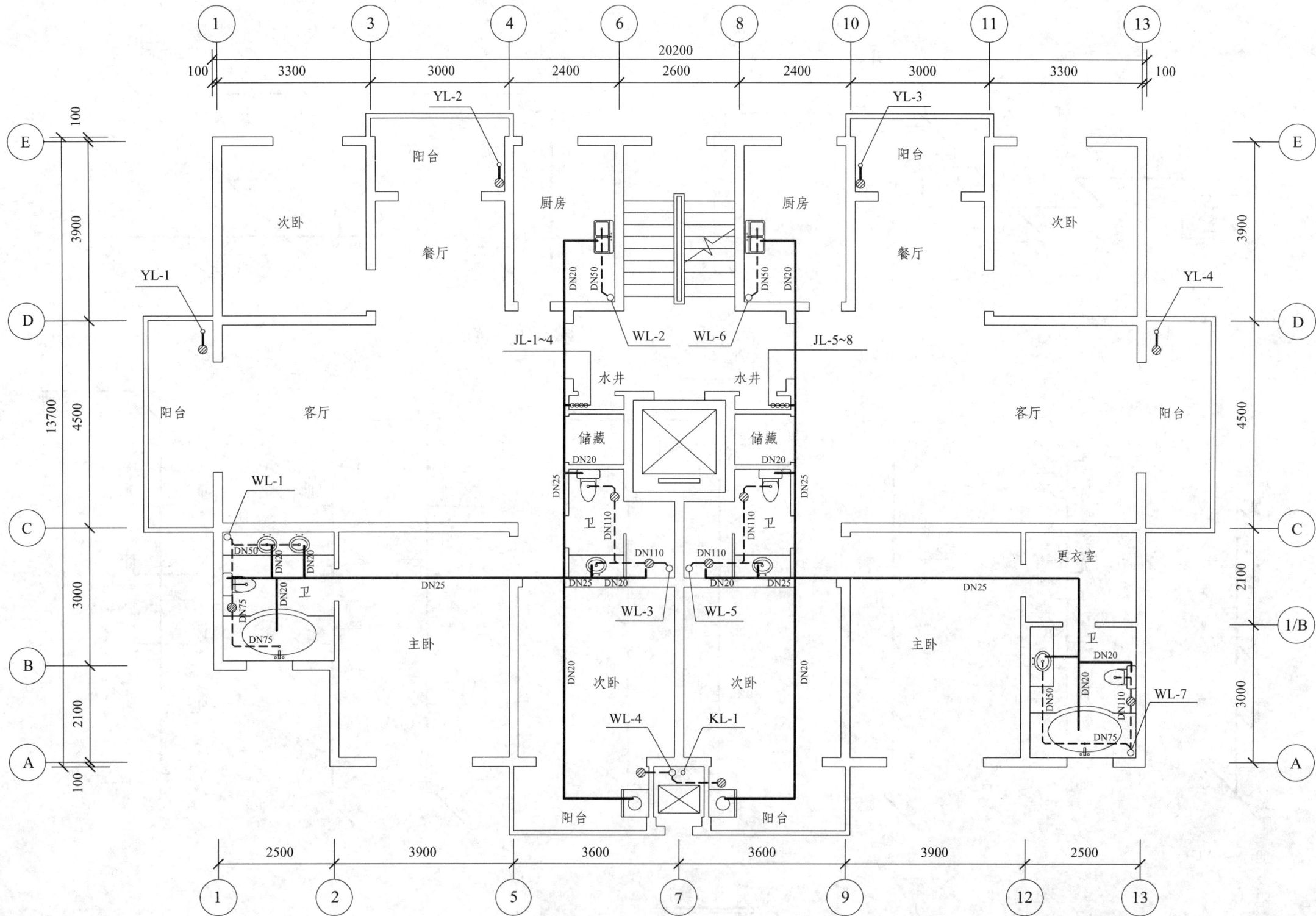

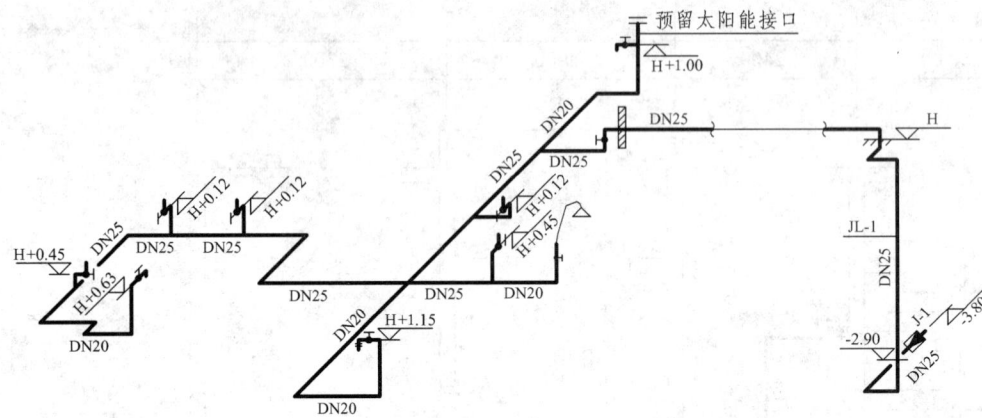

注:
JL-2, 3, 4参JL-1

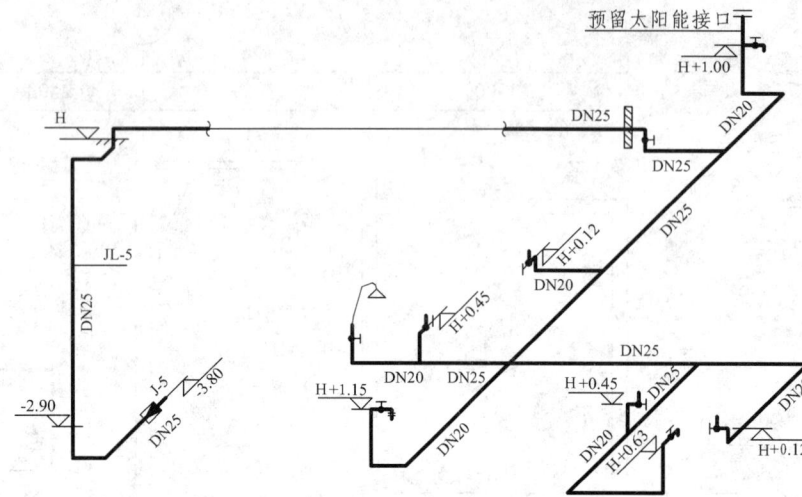

注:
JL-6, 7, 8参JL-5

给水系统图

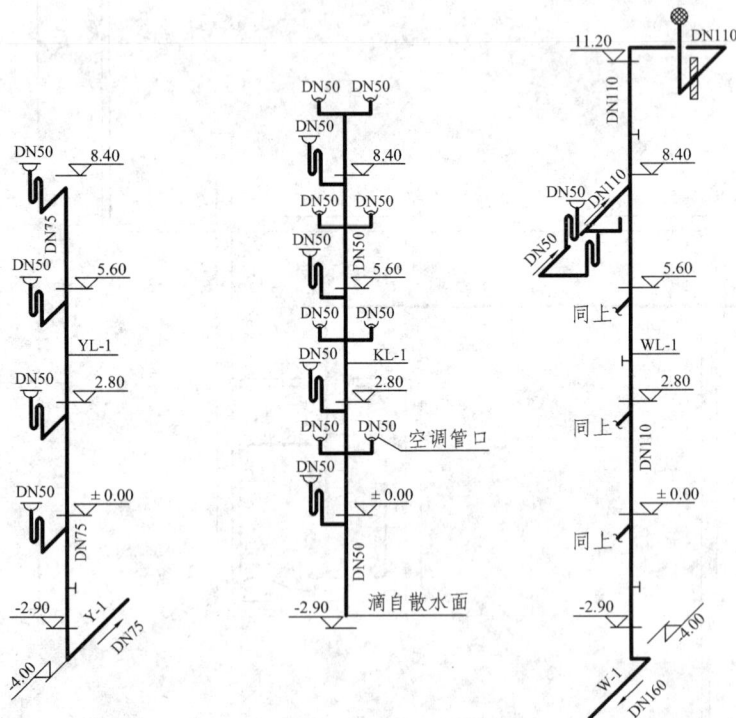

注:
YL-2~4参YL-1

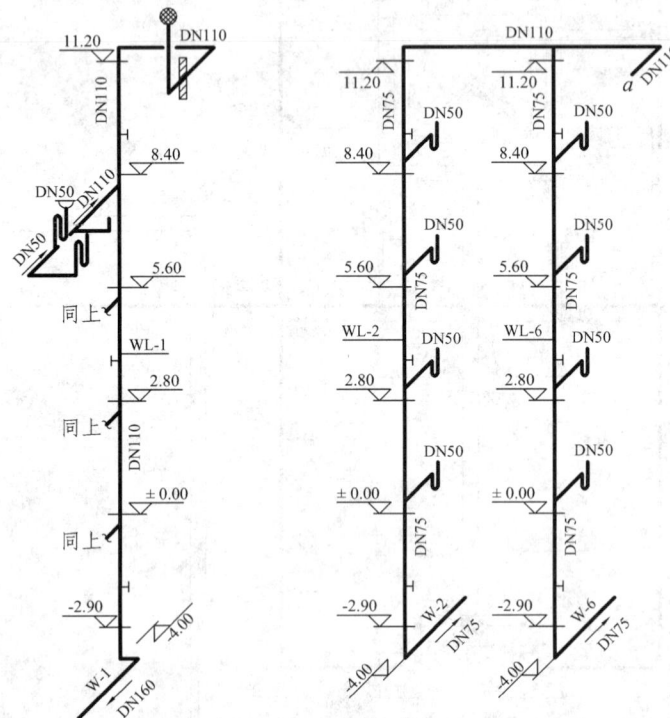

注:
WL-7参WL-1

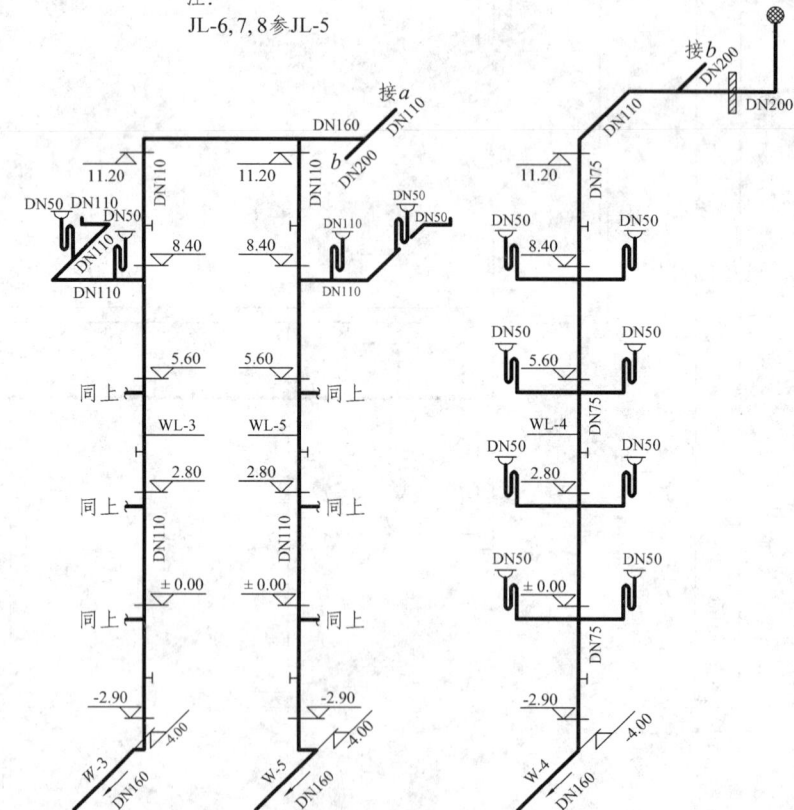

排水系统图

(1) 求作直线AB的实长、倾角α，并计算其坡度。

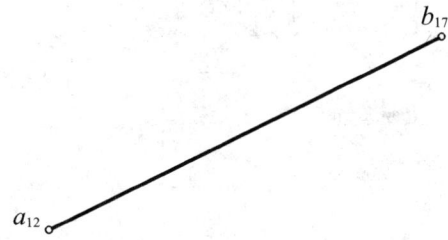

b_{17}

a_{12}

0 1 2 3 4(m)

(2) 求直线上整数高程点的标高投影和坡度。

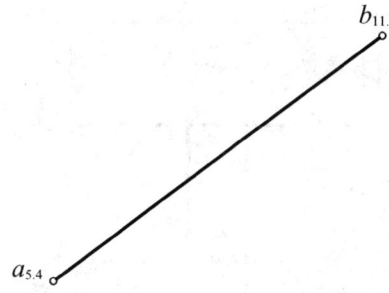

$b_{11.3}$

$a_{5.4}$

0 1 2 3 4(m)

(3) 求平面$\triangle ABC$的等高线、平面的坡度。

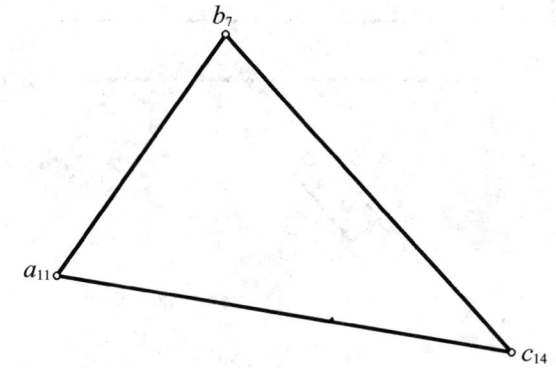

b_7

a_{11}

c_{14}

0 1 2 3 4(m)

(4) 作出平面上高程为14、13、12、11、10的等高线和坡度比例尺。

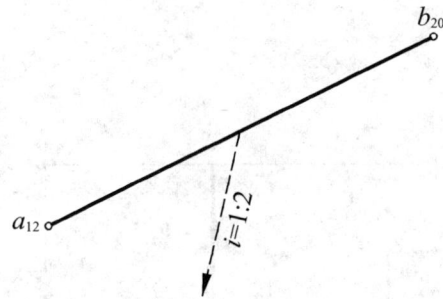

b_{20}

i=1:2

a_{12}

0 1 2 3 4(m)

(5) 作两平面的交线。

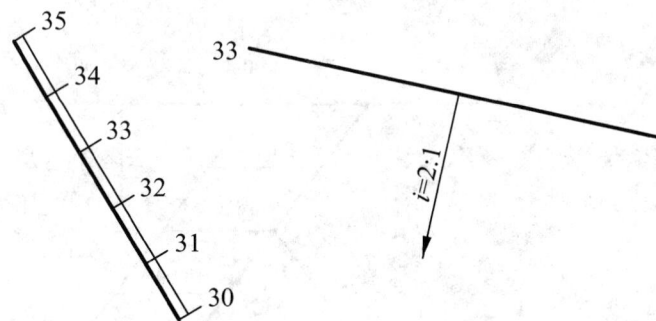

35

34

33

32

31

30

33

i=2:1

0 1 2 3(m)

(6) 已知平台高程为20，地面高程为17，各坡面的坡度均为i=1/2，作坡面与坡面、坡面与地面之间的交线。

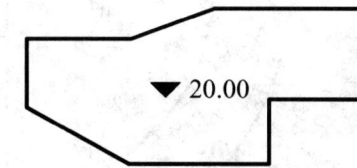

▼20.00

▼17.00

0 1 2 3(m)

49

(1) 已知两堤相交,堤顶面、地面、各坡面坡度如图所示,试作两堤的标高投影图。

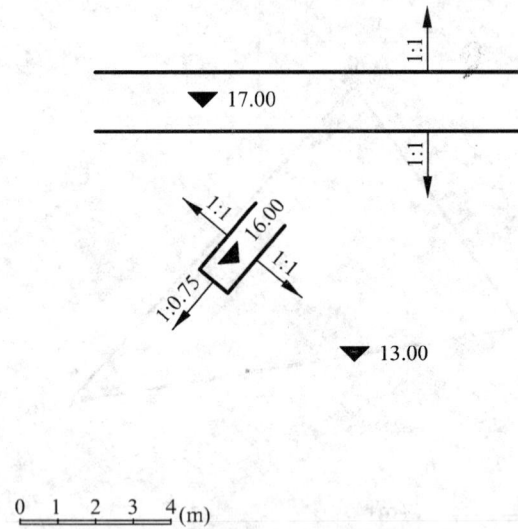

▼ 17.00

1:1

1:1

1:1

16.00

1:0.75

1:1

▼ 13.00

0 1 2 3 4(m)

(2) 一斜坡引道与水平场地相交,已知地面标高为7 m,水平场地顶面标高为10 m,试画出它们的坡脚线和坡面交线。

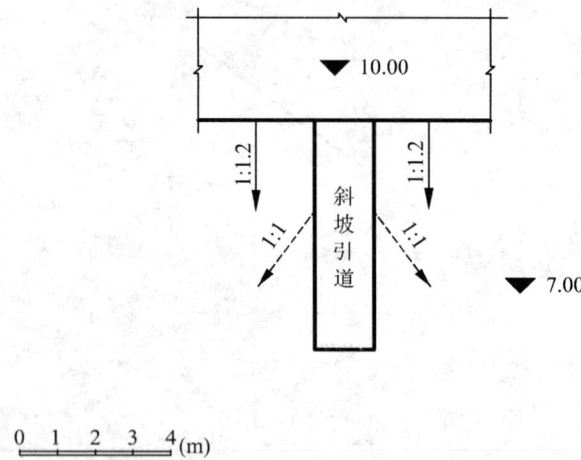

▼ 10.00

1:1.2

1:1.2

1:1

1:1

斜坡引道

▼ 7.00

0 1 2 3 4(m)

(3) 在土坝与河岸的相交处用圆锥面护坡,河底标高为−3 m,土坝、河岸、圆锥台顶面标高和各坡面坡度如图所示,试作出它们的标高投影图。

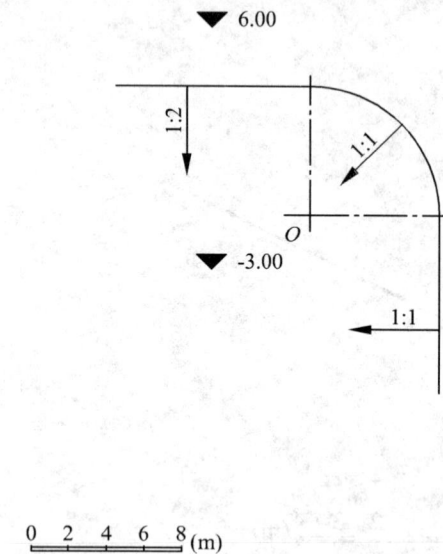

▼ 6.00

1:2

1:1

O

▼ -3.00

1:1

0 2 4 6 8(m)

(4) 已知平台高程为29 m,地面高程为25 m,修筑一弯曲倾斜道路与平台连接,斜路位置和路面坡度已知,试作出坡脚线和坡面交线。

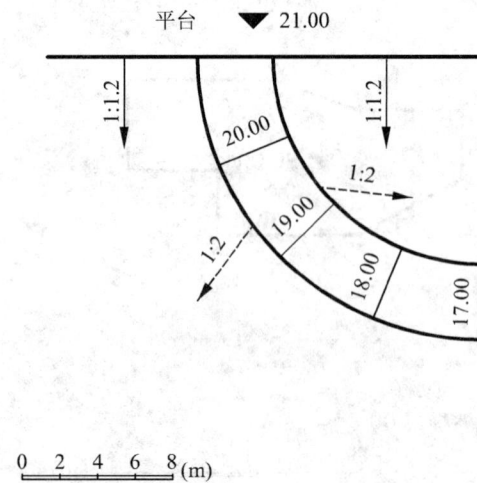

平台 ▼ 21.00

1:1.2

1:1.2

20.00

1:2

1:2

19.00

18.00

17.00

0 2 4 6 8(m)

(5) 作斜坡引道与干道的坡面交线及坡脚线。

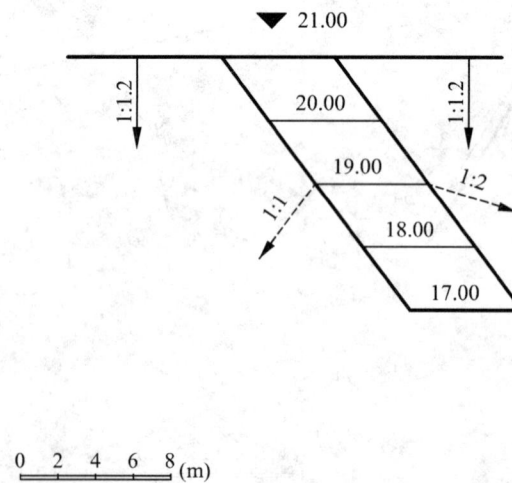

▼ 21.00

1:1.2

1:1.2

20.00

19.00

1:2

18.00

1:1

17.00

0 2 4 6 8(m)

(6) 在斜坡面上修建一高程为18.00 m的平台,平台四周的填挖方坡度为1:1,作坡面交线和坡脚线。

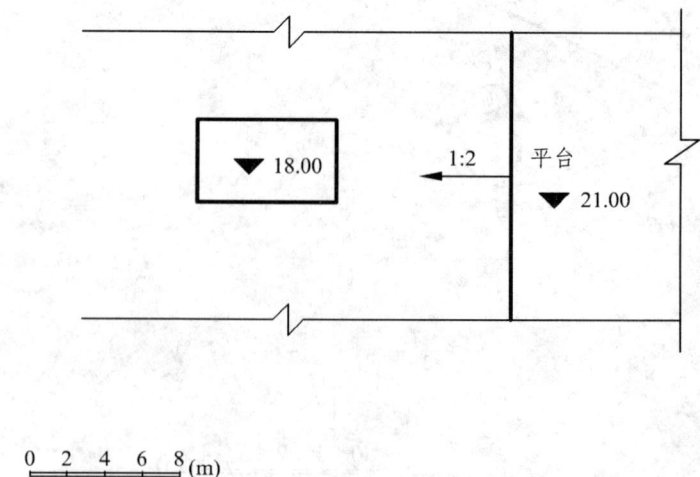

▼ 18.00

1:2

平台

▼ 21.00

0 2 4 6 8(m)

(1) 一水平平台高程为 $30\,m$, 填方坡度为 i_1=1:1.5, 挖方坡度为 i_2=1:1, 地形面的标高投影已知, 求填挖方边界线和各坡面交线。

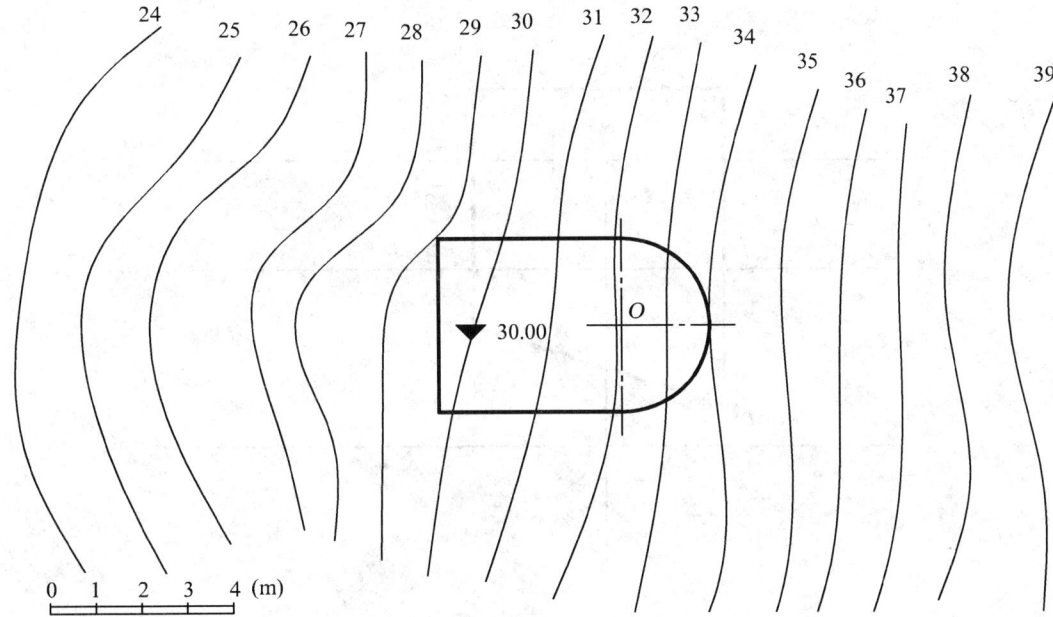

24 25 26 27 28 29 30 31 32 33 34 35 36 37 38 39

30.00 O

0 1 2 3 4 (m)

(2) 修改一条斜坡道, 两侧坡面填方坡度为 i_1=1:3, 挖方坡度为 i_2=1:2, 已知地形面和斜坡道的标高投影, 求填挖坡面的边界线。

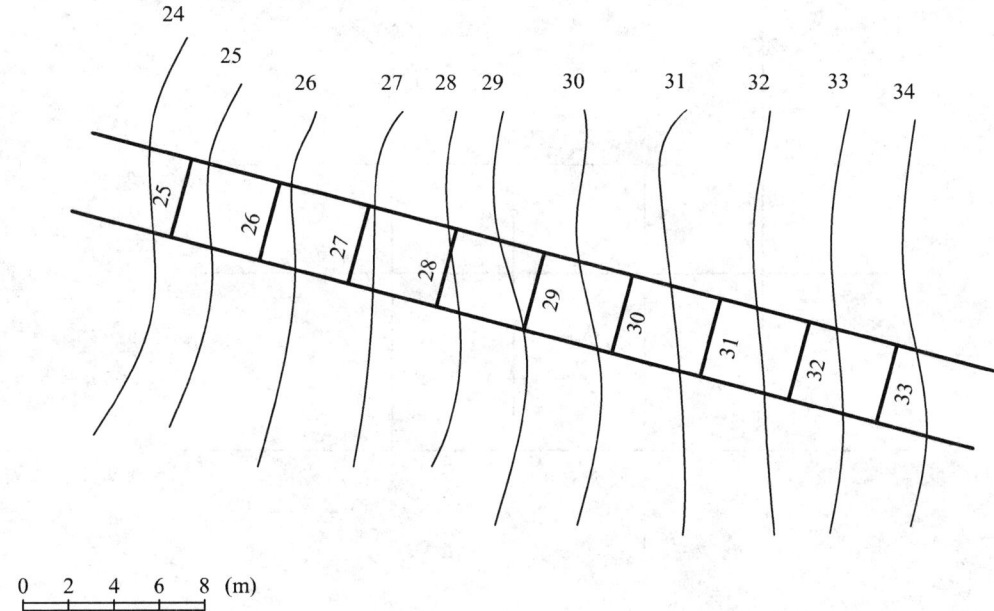

24 25 26 27 28 29 30 31 32 33 34

25 26 27 28 29 30 31 32 33

0 2 4 6 8 (m)

(3) 修建一条水平道路, 两侧坡面填方坡度为 i_1=1:3, 挖方坡度为 i_2=1:2, 已知地形面和水平道路的标高投影, 求填挖坡面的边界线。

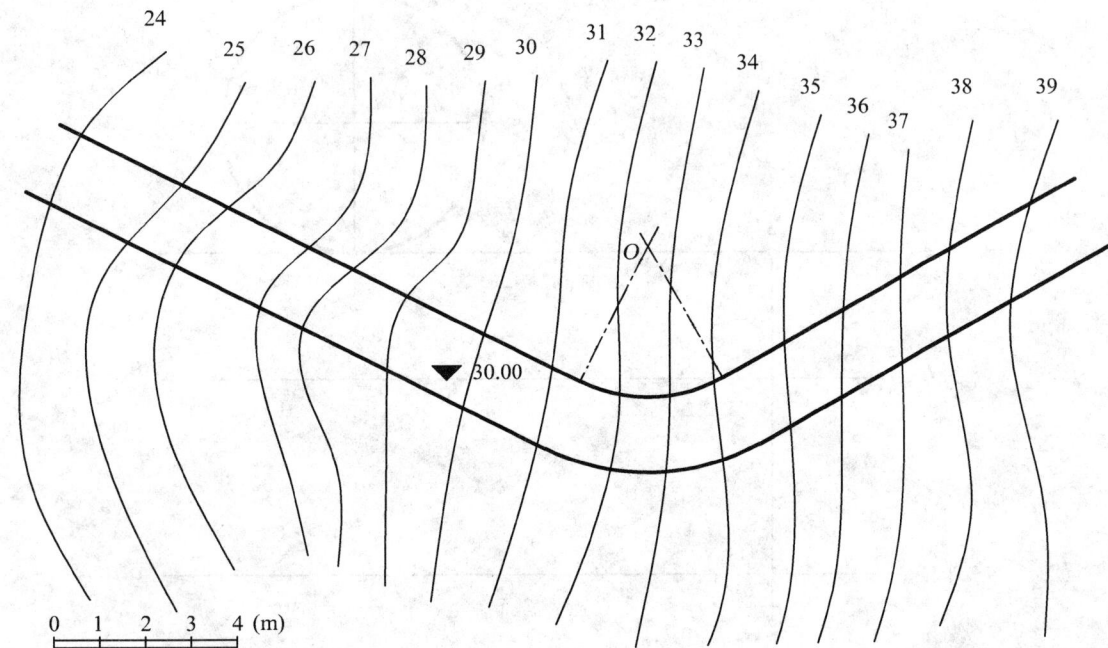

24 25 26 27 28 29 30 31 32 33 34 35 36 37 38 39

O

30.00

0 1 2 3 4 (m)

(4) 沿管道 AB 的位置画地形断面图, 并将直线 AB 的地上部分画实线, 地下部分画虚线。

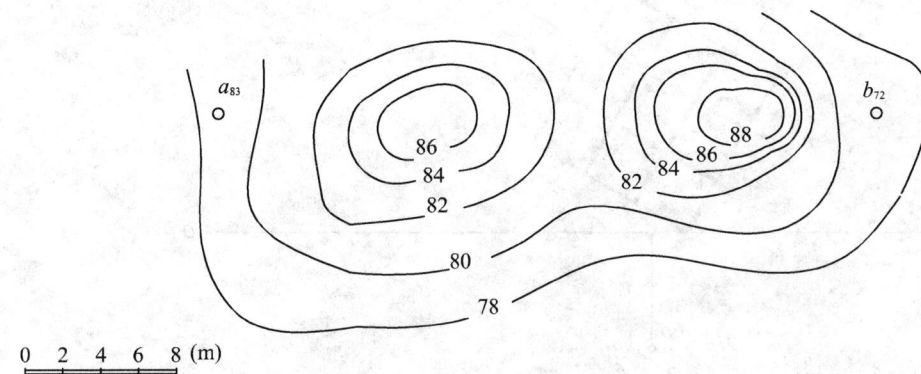

a_{83} b_{72}

86 84 88 82 84 86 82 82

80

78

0 2 4 6 8 (m)

51

(1) 求作点A、B、C的透视和基透视。

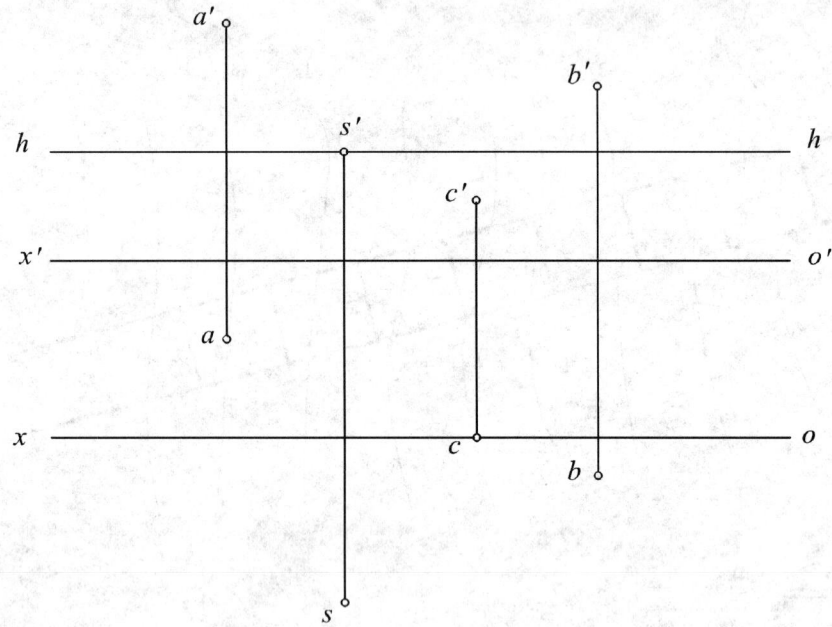

(2) 求作足球门框的透视。

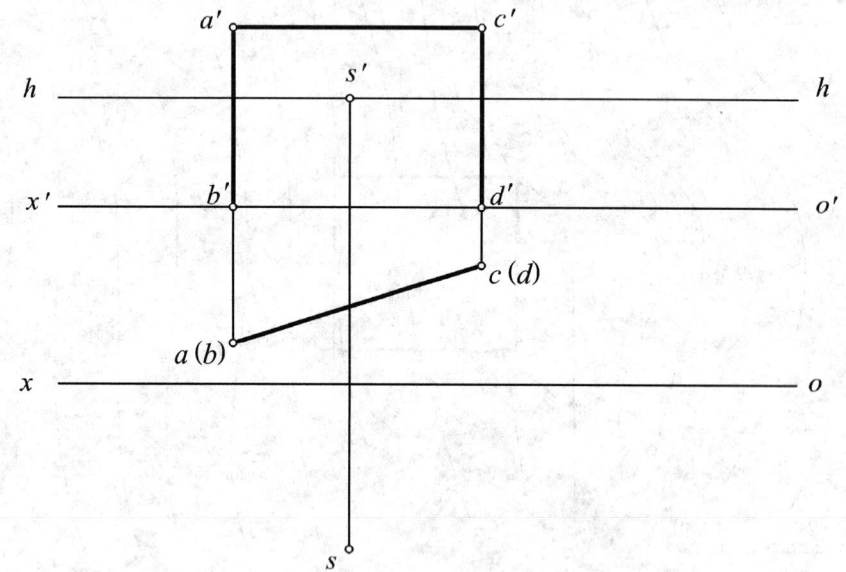

(3) 求作平面图形的透视。

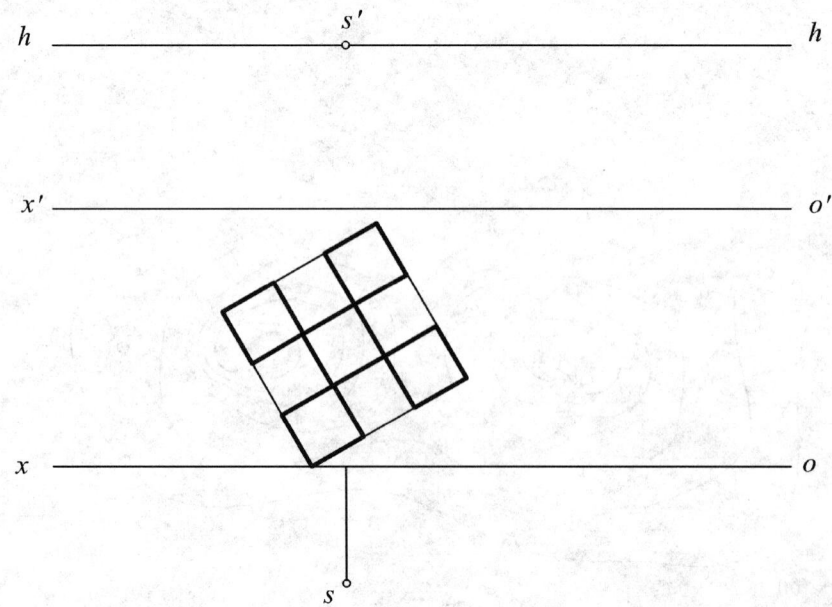

(4) 求作高为30圆锥的透视。

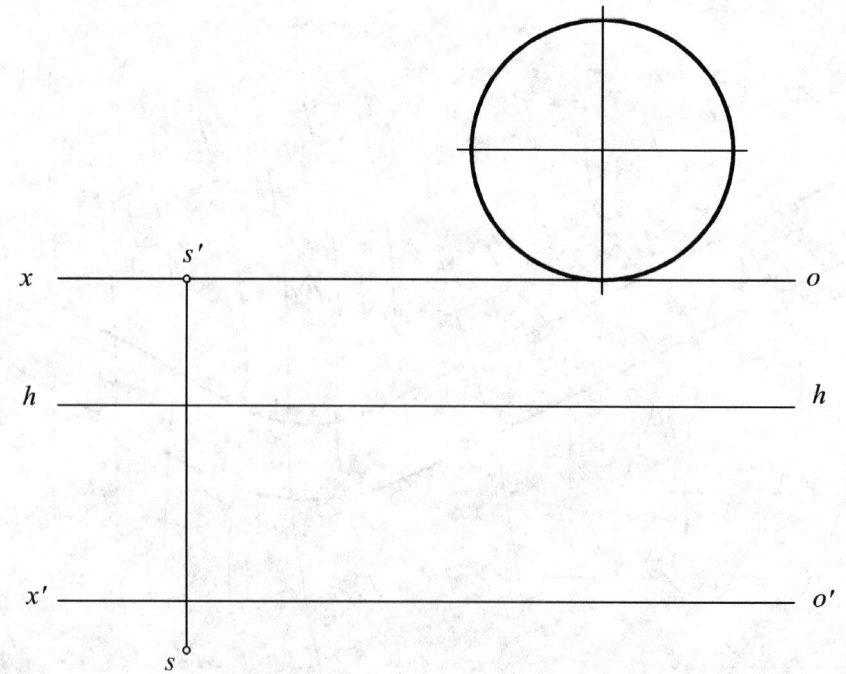

班级		姓名		学号	

(1) 求作建筑形体的透视图。

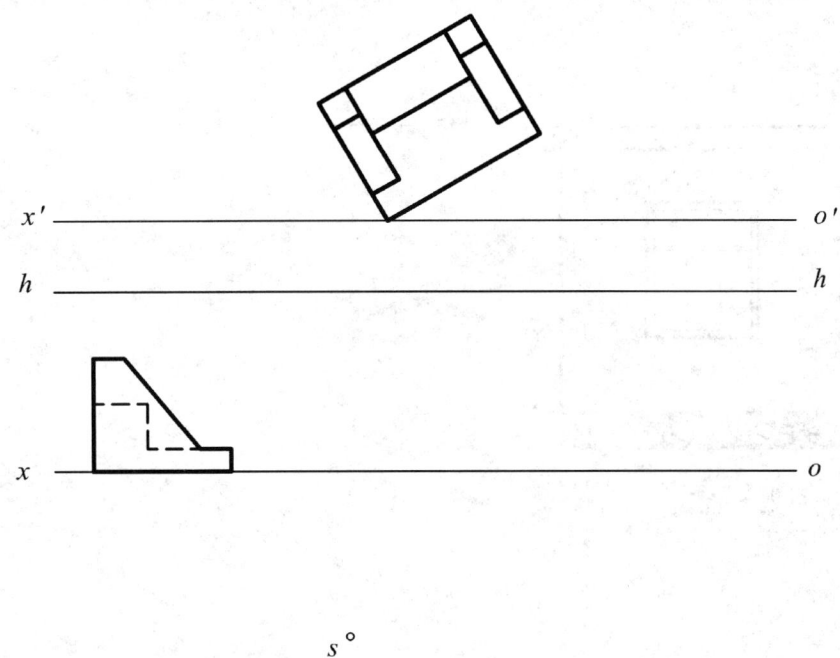

x' ——————————————— o'

h ——————————————— h

x ——————————————— o

$s°$

(2) 求作室内的透视图。

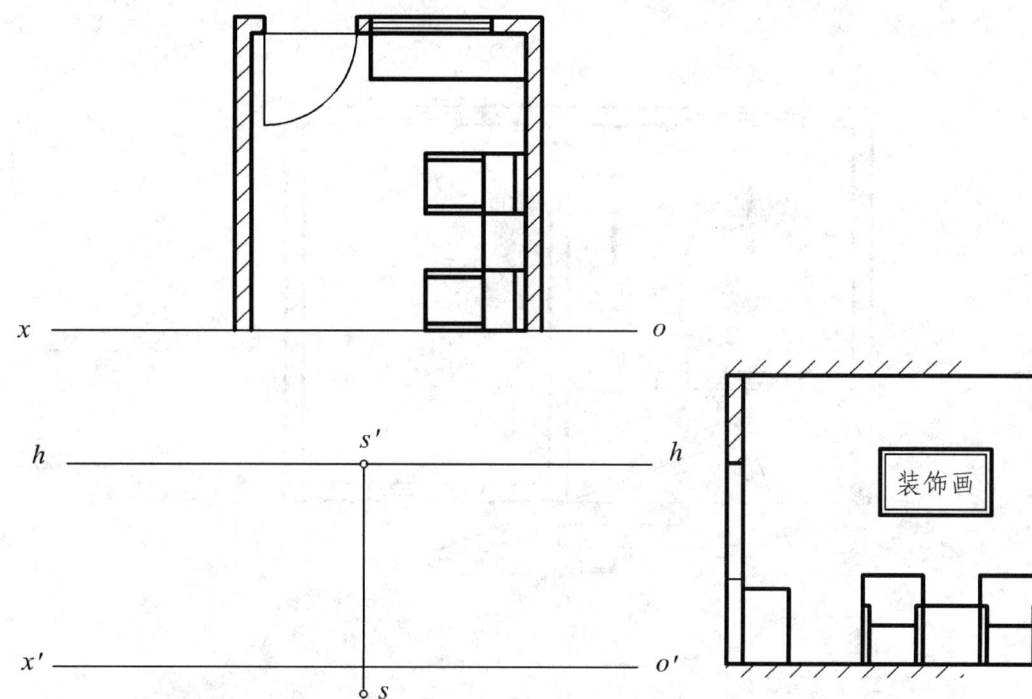

x ——————————————— o

h ——————s'———————— h

x' ——————————————— o'

s

装饰画

(3) 求作建筑形体的透视图。

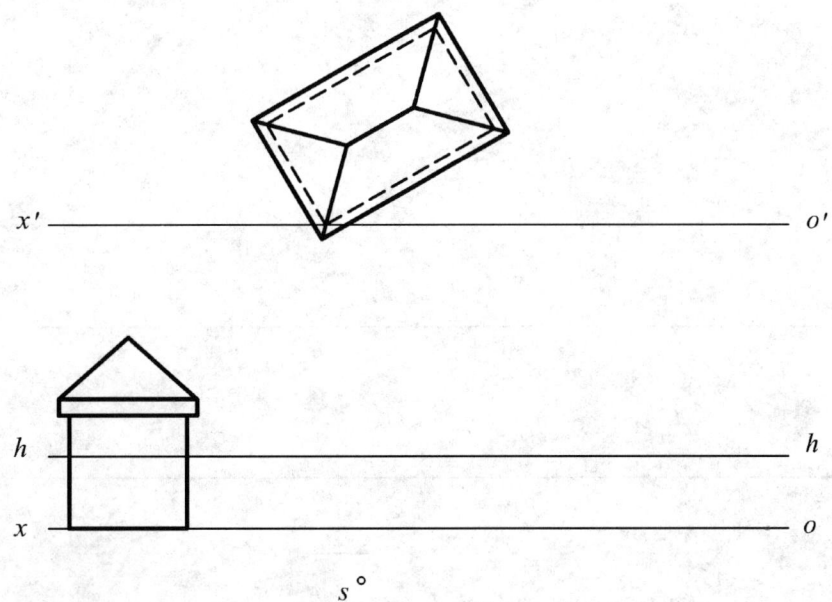

x' ——————————————— o'

h ——————————————— h

x ——————————————— o

$s°$

(4) 求作纪念碑的透视图。

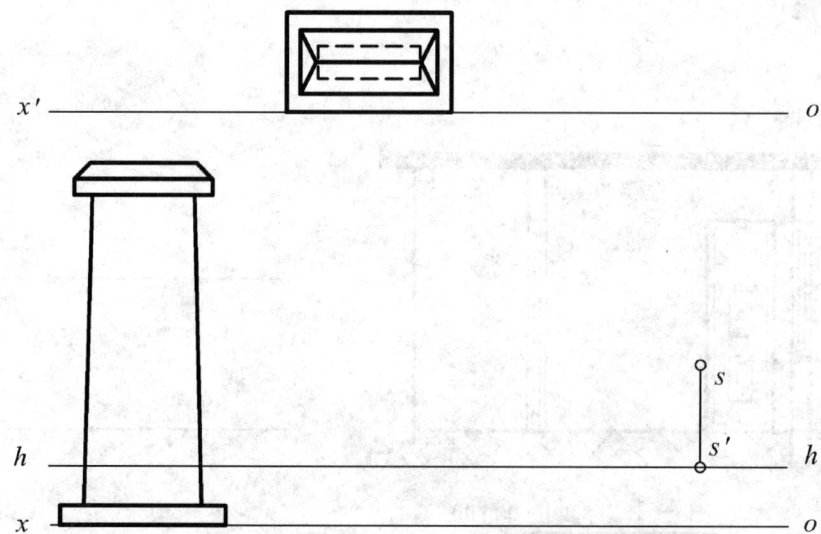

x' ——————————————— o'

s

h ————————————s'— h

x ——————————————— o

求作某建筑的两点透视图。

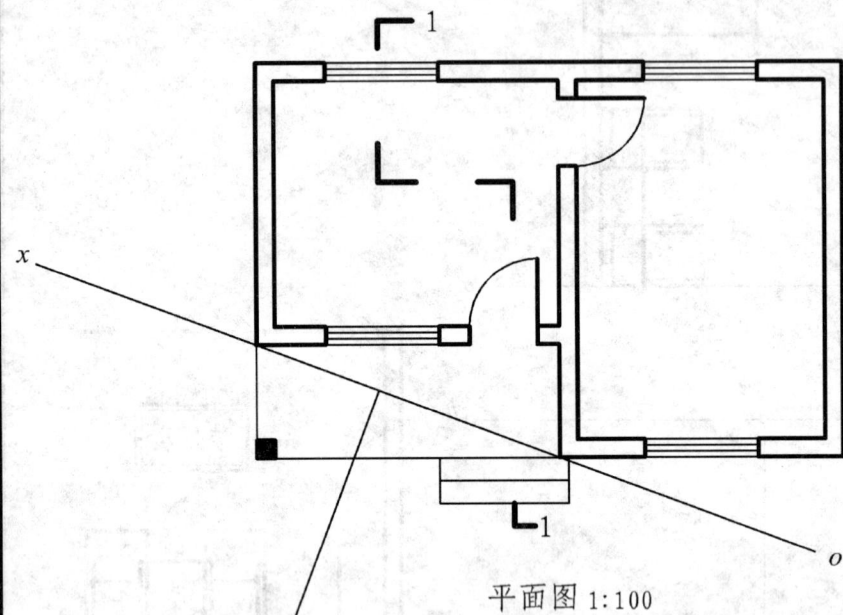

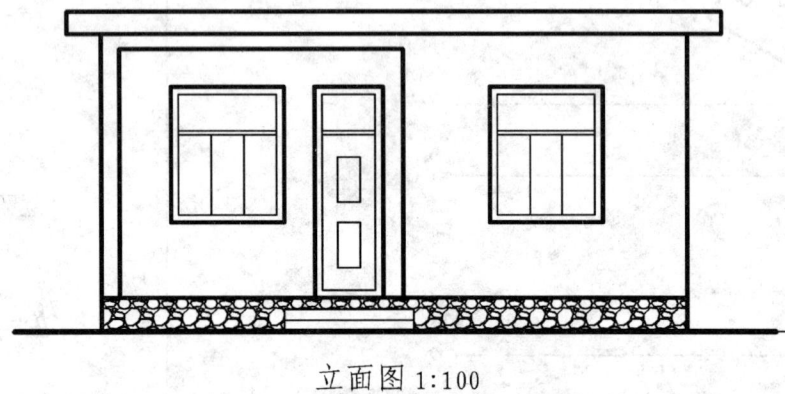

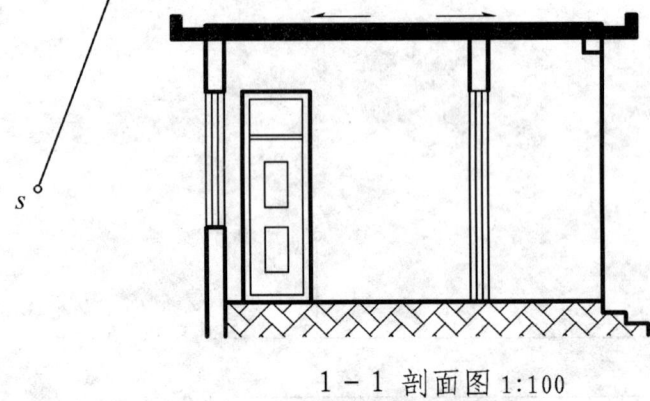

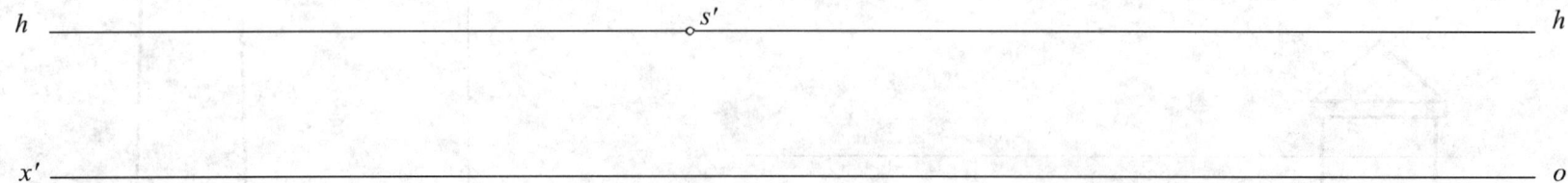

平面图 1:100

立面图 1:100

1-1 剖面图 1:100

桥 梁 工 程 图

一、目的

　　1.学习桥梁工程图的表达内容和画法特点。

　　2.掌握绘制桥梁总体布置图的方法和步骤。

二、内容

　　作业一、抄绘教材中第14章图14-17桥台图（A3图幅）；

　　作业二、抄绘教材中第14章图14-16桥梁总体布置图（A2图幅）。

三、要求

　　1.图名：作业一 —— 桥台构造图；

　　　　　　作业二 —— 桥梁总体布置图。

　　2.比例：作业一 1:100；

　　　　　　作业二 1:150。

　　3.图线：粗线宽为0.7mm，中线宽为0.35mm，细线宽为0.18mm。主要构件如桥台、桥墩、梁以及河床断面线等用粗线，其他构件如桩、栏杆等用中线，尺寸线、水位线、剖面线等用细线。

　　4.字体：汉字应写长仿宋体，图名用7号字，其余用5号字，字母和数字用3.5或2.5号字。

四、说明

　　1.桥梁总体布置图的绘图步骤

　　(1) 根据比例布置各图的位置。

　　(2) 画作图基准线：桥面线、桥中心线（左右、前后）、桥墩中心线。

　　(3) 画各主要构件的轮廓线。

　　(4) 画细部。

　　(5) 加深图线。

　　(6) 标注尺寸，书写说明等。

　　2.各主要构件如桥台、桥墩、板梁等的详细尺寸可参阅教材中第14章图14-17、图14-18、图14-19。桩的横断面尺寸为40cm×40cm，桩总长为17m。其他细部尺寸，如栏杆等可自定。

涵 洞 工 程 图

一、目的

　　1.学习涵洞工程图的表达内容和画法。

　　2.掌握绘制涵洞工程图的方法和步骤。

二、内容

　　参考教材中第14章图14-21，按给定尺寸绘制八字式单孔石拱涵构造图（A2图幅）。

三、要求

　　1.图名：石拱涵构造图。

　　2.比例：1:40。

　　3.图线：粗线宽为0.7mm，中线宽为0.35mm，细线宽为0.18mm。剖切到的轮廓线用粗线，可见轮廓线用中线，尺寸线、剖面线、示坡线等均为细线。

　　4.字体：汉字应写长仿宋体，图名用7号字，其余用5号字，字母和数字用3.5号或2.5号字。

四、说明

　　1.涵洞各部分尺寸如下（尺寸单位为厘米）：

$$L_0=200 \quad H=100 \quad f_0=100 \quad r=100 \quad d_0=24 \quad R=124$$

$$h_1=124 \quad c_2=81 \quad a=46 \quad a_1=70 \quad a_2=103 \quad a_3=133$$

$$h_2=224 \quad G_1=276 \quad G_2=291 \quad c_3=104 \quad x=24 \quad y=0$$

　　（参考尺寸 $B_0=800$　$B=1200$　$F \geqslant 50$）

　　2.I—I断面图中的基础底宽度，应在平面图中按具体剖切位置量取，翼墙高度在纵剖面图中量取。

　　3.坡度很小时如1%、2%，可按水平线绘制。

　　4.应画出各部分的剖面线或材料图例。

　　5.应按具体数字标注尺寸（不注字母）。

参 考 文 献

[1] 唐人卫,等.画法几何及土木工程制图习题集[M].南京:东南大学出版社,2006.

[2] 何铭新,等.画法几何及土木工程制图[M].武汉:武汉工业大学出版社,2002.

[3] 孙靖立,等.现代工程图学[M].呼和浩特:内蒙古大学出版社,2006.

[4] 许松照,等.画法几何与阴影透视[M].北京:中国建筑工业出版社,1989.

[5] 于习法,等.画法几何及土木工程制图习题集[M].3 版.南京:东南大学出版社,2020.

[6] 魏海,孙怀林.画法几何及土木工程制图习题集[M].南京:河海大学出版社,2008.

[7] 高丽荣,等.建筑制图习题集[M].北京:北京大学出版社,2009.

[8] 乐颖辉,等.建筑工程制图习题集[M].青岛:中国海洋大学出版社,2010.

[9] 汪颖,等.画法几何与建筑工程制图[M].北京:科学出版社,2004.

[10] 王莹,等.AutoCAD 与土木工程绘图[M].北京:中国电力出版社,2008.

[11] 于习法,等.计算机绘图教程[M].北京:清华大学出版社,2015.